集群智能及其应用

申 海 著

科学出版社

北 京

内 容 简 介

本书是作者在人工智能领域集群智能研究方向十多年研究成果的系统总结，在总结目前国内外该研究方向发展现状的基础上，介绍集群智能算法的改进、应用研究及新研究方向。改进方面包括：基于最优方向引导的菌群算法和基于生物生命周期的群搜索算法，以及基于单目标和多目标等Benchmark优化问题的测试研究。应用研究方面包括：子群协作群搜索算法及机械结构优化设计问题的应用研究、两阶段遗传算法及车辆路径问题的应用研究，以及自主进化算法及频谱决策和频谱分配问题的应用研究。最后着重介绍集群智能的新研究方向——集群动力学优化算法。

本书可作为计算智能、集群智能等相关领域的研究者和开发者的参考用书，也可作为研究人工智能、复杂系统智能控制的学者和控制科学与工程专业的研究生的参考用书。

图书在版编目(CIP)数据

集群智能及其应用/申海著. —北京：科学出版社，2019.6
ISBN 978-7-03-054249-6

Ⅰ.①集… Ⅱ.①申… Ⅲ.①智能控制 Ⅳ.①TP273

中国版本图书馆 CIP 数据核字（2017）第 211466 号

责任编辑：杨慎欣 常友丽 / 责任校对：王 瑞
责任印制：吴兆东 / 封面设计：无极书装

科 学 出 版 社 出版
北京东黄城根北街 16 号
邮政编码：100717
http://www.sciencep.com

北京中石油彩色印刷有限责任公司 印刷
科学出版社发行 各地新华书店经销
*
2019 年 6 月第 一 版 开本：720×1000 1/16
2022 年 1 月第四次印刷 印张：15 1/4
字数：307 000
定价：99.00 元
（如有印装质量问题，我社负责调换）

前　言

集群智能源于自然界中生物系统存在的集群行为。在自然界中，生物群体中的每个个体都遵守一定的行为准则，当它们按照一定的准则相互作用时就会表现出复杂生物行为。有些昆虫/动物为了觅食、迁徙或繁殖等需要而临时或长期集结成群活动、生活，如蚁群、蜂群、鱼群、鸟群等。虽然这些群中个体行为简单、能力非常有限，但当它们协同工作时，却能够涌现出非常复杂的集体智能特征，例如表现出协调一致的运动行为、协作抵御外部威胁、协作采集食物、共同建造结构复杂而巧妙的巢穴等。生物集群涌现出来的这种复杂集群行为能力往往远超个体能力的简单叠加，人们将群体动物在一定的自组织机制上产生的这些复杂集体行为称为集群智能（swarm intelligence，SI）。

集群智能是指具有简单智能的个体通过相互协作和组织表现出群体智能行为的特性，具有天然的分布式和自组织特征。它在没有集中控制且不提供全局模型的前提下表现出了明显的智能行为。现实世界的复杂自适应系统由大量简单的、具有自身目的与主动性的、积极的主体组成，通过主体之间、主体与环境的相互作用，表现出宏观系统中的分化、涌现等种种复杂的演化过程。群居性生物系统具有强大的觅食、打扫巢穴等功能正是群体协作的结果。因此，单个简单个体如何通过相互连接、信息交流与沟通、组织和自组织产生群体的智能行为是非常值得研究的课题。

集群智能的研究是理解生物和自然复杂性的一个途径，同时它对复杂系统智能控制的研究具有重要指导意义。借鉴生物系统涌现的智慧，把集群智能的无中心分布式控制策略用于大规模自治系统，可使系统具备无集中式控制、可直接和间接通信、个体自治、良好鲁棒性、自组织性和开放性等特点。另外，在系统规模较大的情况下，集群系统的分布式协作系统在效率和鲁棒性方面通常要比传统的集中式控制更具优势，可使系统全局行为对局部欺骗现象以及局部失效和个体故障等现象不敏感，这是传统控制所不具备的重要特性。因此，基于集群智能原理的复杂系统控制方法在工程上有重要应用价值。

集群智能作为一个新兴领域，自 20 世纪 80 年代出现以来，引起了多个学科领域研究人员的关注，现已成为人工智能学科的热点和前沿领域。随着大规模国民建设的发展，各种大型工程问题随之出现，这也需要应用新的研究成果解决新的工程问题。集群智能现已成为解决大规模复杂系统智能控制问题的颠覆性技术。因此，本书的出版对国家建设具有重大的推动意义。本书是作者十多年来独有研究成果的总结，部分研究成果属国内外首创，学术意义重大。

本书共分为四个部分，在总结目前国内外集群智能研究方向发展现状的基础上，介绍集群智能算法的改进、应用研究及集群动力学优化算法这一新研究方向。

第一部分：首先介绍优化方法及其分类，传统优化方法的不足以及集群智能优化算法的特点、研究和应用现状及展望。目前集群智能的研究内容涵盖了自然生态系统各个层次，本部分在总结目前所有集群智能算法基础上，详细介绍主要集群智能算法的基本原理和实现步骤。

第二部分：介绍两个算法的原理：基于最优方向引导的菌群算法和生物生命周期群搜索算法，以及这两个算法基于无约束单目标、有约束单目标和多目标等 Benchmark 优化问题的测试研究。

第三部分：介绍集群智能算法在工程、管理和电子信息领域的应用研究。包括子群协作群搜索算法及机械结构优化设计问题的应用研究、两阶段遗传算法及车辆路径问题的应用研究，以及自主进化算法及认知无线电中频谱决策和频谱分配问题的应用研究。

第四部分：本部分继续深化集群智能优化决策方法的研究。重点介绍基于生物集群行为的动力学驱动机制和集群动力学模型、复杂生物系统的智能感知单元建模方法，以及两个集群动力学优化方法——种群规模自适应优化算法和基于觅食动力学的群智能优化算法。

本书获得国家自然科学基金青年科学基金（项目编号：61502318）和辽宁省高等学校杰出青年学者成长计划（项目编号：LJQ2015104）资助，在此向国家自然科学基金委员会和辽宁省教育厅表示衷心的感谢！本书内容主要来源于作者读博士以来从事的相关工作，在此向作者的导师朱云龙研究员表示感谢。另外，书中的一些内容也引用和借鉴了本领域前辈学者的研究成果，在此向他们表示感谢。

鉴于作者水平及认识的局限性，书中不妥之处在所难免，欢迎各同行批评指正，相互交流。

申　海

2018 年 8 月

目　　录

第二部分　算法改进研究

第 3 章　基于最优方向引导的菌群算法 ································· 47

第 4 章　生命周期群搜索算法 ··· 63

第三部分　算法应用研究

第5章　机械结构优化设计研究 ································· 97

第四部分　集群动力学优化算法

第一部分
集群智能优化算法概述

　　工程技术与科学研究中的最优化求解问题十分普遍。在求解过程中,人们创造了许多优秀实用的算法。集群智能是一种新兴的优化技术,已成为越来越多研究者关注的焦点。集群智能是基于生物界中的自然现象或过程而提出的启发式计算模式,通过模拟社会性昆虫的各种群体行为,利用群体中个体之间的信息交互和合作实现寻优。这种计算模式具有通用、稳健、简单、高效以及便于并行处理等特点,被认为是对计算理论具有重大影响的关键理论。作为前沿性研究领域,集群智能已被成功应用于计算机、控制、先进设计和制造等多个领域,并在解决传统方法难以解决的各类复杂优化问题方面展现出良好的性能和应用前景。本部分综述集群智能算法的特点、研究和应用现状及展望,以及主要集群智能算法基本原理。

第 1 章　优化算法研究概述

1.1　最优化问题

在人们的日常生活以及工程应用领域，经常会出现一个问题有多个解决方案的情况，例如，某学校的课程表安排问题、电力部门如何布线使覆盖面最广但损耗最低问题、一个商人要在若干个城市旅行时确定一条最短的旅行线路问题等。总而言之，在满足一定约束条件下，寻找一组参数值，以使某些最优性度量得到满足，或者使系统的某些性能指标达到最大或最小，这就是最优化问题。最优化问题形式如公式（1.1）[1]所示：

$$(p) \begin{cases} \min f(x) \\ \text{s.t. } x \in \Omega \end{cases} \tag{1.1}$$

式中，$\Omega \in R^n$ 是可行集；f 是定义在 Ω 上的目标函数。如果存在 $x^* \in \Omega$，使得 $\forall x \in \Omega$，$f(x^*) \leqslant f(x)$，称 x^* 为优化问题式（1.1）的全局最优解，$f^* = f(x^*)$ 为全局最优值。

最优化问题是一个应用十分广泛的研究课题，长期以来，人们对最优化问题进行了大量的研究与探索，提出了许多优化方法。随着科学技术的不断发展，优化问题也变得异常复杂。由于传统的优化方法大多数是针对某些特定问题的，对搜索空间的要求比较严格，求解问题的依赖性较高，有的还需要被优化问题的导数信息等，因此，传统的优化方法虽已获得广泛的应用，但在面对一些复杂优化问题时却无能为力。因此，需要研究和探索新的优化思想和优化方法。

1.2　最优化方法

最优化方法是指解决最优化问题的方法，即求解问题最优解的规则方法或搜索过程。从古至今，国内外研究者提出了许许多多的最优化问题求解方法，实际应用也日益广泛。根据不同的分类标准，对最优化方法可以有不同的划分。根据算法中是否存在随机因素，最优化方法可分成两类，即确定性算法与随机性算法[2]，如图 1.1 所示。

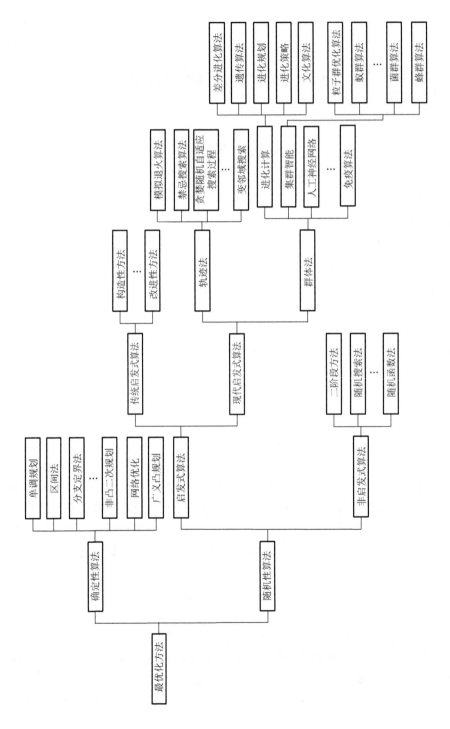

图 1.1　最优化方法分类

1.2.1　确定性算法

在对问题的求解过程中，每个步骤的解都是一个确定值，即给定一个特定的输入，总是会产生相同的输出，这类算法称为确定性算法。在 20 世纪 50 年代以前产生的优化算法基本都属于此类。部分确定性算法是针对某一类函数而设计的，如单调规划[3,4]、区间法[5,6]、割平面法[7]、分支定界法[8]、填充函数法[9]、积分水平集法[10]、隧道法[11]等。也有一些算法是从问题本身的角度着手，针对特定的问题而设计的，如非凸二次规划、广义凸规划、网络优化、Lipschitz 函数和 DC 规划[12]等问题都有相应的优化算法[13]。因此，目前还没有一种广泛适用的确定性算法。

用确定性算法对实际问题寻找全局最优解是非常困难的。首先，虽然算法计算速度快，但随着问题的规模增大，极小点数目增加，算法容易陷入局部极小，难以找到全局最优解。其次，此类算法较多地利用了函数的性质，对于那些性质较好的函数如凸函数、一维有理函数、L-连续函数、多项式函数等很有效，但对复杂问题却难以求解。

1.2.2　随机性算法

随机性算法是指在对问题的求解过程中，每个步骤所产生的解具有随机性，而且各个解产生的概率也是未知的。按照算法中是否包含启发规则，随机性算法分为启发式算法和非启发式算法。启发式算法是指一个基于直观或经验构造的算法，在可接受的花费（指计算时间、占用空间）下给出待解决优化问题的可行解[14,15]。启发式算法又可分为传统启发式算法和现代启发式算法。非启发式算法包括二阶段方法、随机搜索法[16]和随机函数法[17,18]等。

1. 传统启发式算法

传统启发式算法包括构造性方法和改进性方法等。针对某一特定问题而设计的方法称为构造性方法，如 A*方法[19]就是针对静态网络中求解最短路径的方法。这类算法通常是一些简单的启发式策略，大多数情况下生成解的质量较差，因此目前常用于构造其他优化算法的初始解。

2. 现代启发式算法

现代启发式算法又称为元启发式算法或智能优化算法，它是人类通过对自然界现象的模拟和生物智能的学习，提出的一类新型的计算和搜索技术，涉及生物进化、人工智能、数学、物理等多学科知识[20,21]。它是一种通用的启发式策略，用来指导潜在与问题有关的传统启发式算法朝着可能含有高质量解的搜索空间进行搜索，具有鲁棒性强、通用性强等特点。在每次迭代过程中，按照操纵一个单一解还是一组解进行分类，现代启发式算法又可分为轨迹（trajectory）法和群体（population）法[22]。

（1）轨迹法。基于局部搜索的元启发式算法大多被归为轨迹法，典型算法包括模拟退火算法[23]、禁忌搜索算法[24,25]、贪婪随机自适应搜索过程[26]、变邻域搜索[27]、导向局部搜索[28,29]和迭代局部搜索[30]等。

（2）群体法。任何启发于群居性昆虫群体和其他动物群体的集体行为而设计的算法和分布式问题解决方法都称为群体法，即集群智能优化算法。典型算法包括进化计算的差分进化（differential evolution，DE）算法、遗传算法（genetic algorithm，GA）、进化策略、进化规划（evolutionary programming）和文化算法（cultural algorithm，CA），集群智能的粒子群优化（particle swarm optimization，PSO）算法、蚁群优化（ant colony optimization，ACO）算法、菌群算法和蜂群算法等，以及人工神经网络和免疫算法。

1.2.3 集群智能优化算法

集群智能理论自20世纪80年代出现以来便吸引了众多研究者的关注，是人工智能学科的热点和前沿领域，因此设计高效的集群优化算法成为众多科研工作者的研究目标。可以从两个方面来理解集群智能的含义：一方面，集群智能是自然界广泛存在的一种现象，指大量简单个体构成的群体按照简单的交互规则相互协作，完成了其中任何一个个体不可能单独完成的复杂任务；另一方面，人们通过对这些群体行为的研究，逐步形成了集群智能理论，即研究大量个体的简单行为如何成为群体的高智能行为的理论。

随着人类对生物研究的深入，一些社会性动物（如蚁群、蜂群、鸟群）的自组织行为引起了科学家的广泛关注。这些社会性动物在漫长的进化过程中形成了一个共同的特点：个体的行为都很简单，但当它们一起协同工作时，却能够突现非常复杂的行为特征。基于此，人们设计了许多优化算法，如模拟人脑组织结构与信息处理的人工神经网络；模拟自然界优胜劣汰现象的遗传算法；模拟生物免疫系统学习和认知的人工免疫系统；模拟蚂蚁群体觅食时通过个体释放、收集信息素寻找最短觅食路径过程的蚁群优化算法；模拟鸟群觅食原理的粒子群优化算法等。

在实际的优化过程中，算法中的每一个个体都直接或者间接地代表问题的一个解。从选定的初始解出发，通过不断迭代的进化过程逐步改进当前解，直至最后搜索到最优解或满意的解为止。迭代过程中使用的操作算子都来源于生物行为，典型的有复制、交叉、变异、靠近最优解和趋化等。不同的算法之间的差异主要在于个体的表现方式和演化算子的执行不同。这些集群智能优化算法的出现大大地丰富了优化技术，它们以其高效的优化性能、无需问题特殊信息等优点为那些用传统最优化技术难以处理的组合优化问题提供了切实可行的解决方案，并迅速受到各领域的广泛关注。

1.3　各类优化方法特点

1.3.1　传统优化方法特点

1. 传统优化方法面临的问题

随着人类生存空间的扩大，以及认识世界视野的扩宽和改造世界要求的深入，在理论研究和工业生产中产生了越来越多的更加复杂的优化问题，例如工程设计、蛋白质结构预测、经济核算、无线电通信、供应链管理、金融计划和旅行计划等问题。这些问题具有以下特点。

（1）数据爆炸。优化问题的对象涉及很多因素，导致目标函数的自变量维数很多，常常达到数十维甚至上百维，使得计算量大大增加。

（2）非线性。问题的优化目标与决策变量之间的关系是非线性的。求解非线性关系问题一般要比求解线性关系问题困难得多。

（3）多极值。目标函数与决策变量之间的关系不是简单的递增或递减关系，视优化问题的不同，目标函数可具有多个极大值或极小值，函数的空间形状也变得非常复杂。

（4）约束性。决策变量本身或多个决策变量之间存在约束关系。

（5）多目标。优化问题可能具有多个优化目标，且多个目标之间存在相互制约的关系。

（6）组合优化。组合优化问题属于计算复杂性理论中的 NP 难问题。由于 NP 难问题不存在多项式时间算法，随着问题规模的增大，解的组合空间迅速变大，因此很难获得问题的精确最优解。

当以上六个因素中的一个或者几个出现在优化问题中时，会大大增加优化问题求解的困难程度，甚至在某些情况下很难建立传统意义上的数学解析模型。

2. 传统优化方法的不足

传统优化问题大多是中小规模问题，且这些问题的数学模型具有凸函数、一维有理函数、L-连续函数、多项式函数等性质。对于此类优化问题，传统优化方法能够达到较高的寻优速度和精度。但是面对具有多目标、组合优化、多极值、非线性和数据爆炸等特点的复杂优化问题，寻找全局最优解就变得非常困难，主要存在以下的不足。

（1）传统优化方法一般对目标函数都有较强的限制要求，如连续、可微、单峰等，而复杂的优化问题的目标函数往往是不连续、不可微或多峰的。

（2）对于数据爆炸问题，传统优化方法显得无能为力。因为在寻优过程中，为了避免求解时间上的爆炸式激增，通常采用强行中止寻优的方法，即当计算时间或迭代次数达到某种限制时，停止继续寻优，以当前找到的最好解作为问题的"最优解"。强制中止算法运行导致该类方法虽然理论上可以进行全局寻优，但实际上只能对解空间的很小一部分进行搜索，得到的仅仅是某一局部范围内的最优解，这个"最优解"与全局最优解的差别是无法保证的。

（3）大多数传统优化方法都是根据目标函数的局部展开性质来确定下一步搜索方向。如果优化问题只有一个全局极值，那么利用此类方法可以很快地找到它。但当优化问题具有多个极值点时，就会与求全局最优解的目标有一定的抵触。如网格法，如果网格划分得十分密集，势必增加了计算负担，而且如果可行域是非凸的，那么很有可能将全局最优解漏掉。

（4）传统优化方法在算法实现之前，要进行大量的准备工作，如求函数的一阶和二阶导数、某些矩阵的逆等。在目标函数较为复杂的情况下，这项工作比较困难，计算量比较大。

（5）传统优化方法的求解结果一般与初值的选择有较大的关系，不同的初值可能导致不同的结果，而初始值选取是否正确则在很大程度上依赖于优化者对问题背景的认识及掌握的知识。在实际应用中，通过在多个初始点上用传统数值优化来求取全局解的方法仍然被人们所采用，但是这种处理方法求得全局解的概率不高，可靠性低。

（6）有些方法是针对某些特定问题设计的，不具备通用性。要对某一类型的优化问题进行优化，研究者必须熟知此类问题的解决方法。

1.3.2　集群智能优化算法特点及优点

1. 集群智能优化算法的特点

（1）较强的鲁棒性。控制是分布式的，不存在中心控制，因而它更能够适应当前网络环境下的工作状态，并且具有较强的鲁棒性，即不会由于某一个或几个个体出现故障而影响群体对整个问题的求解。

（2）可扩充性。群体中的每个个体都能够改变环境，这是个体之间间接通信的一种方式，这种方式被称为"激发工作"。由于集群智能可以通过非直接通信的方式进行信息的传输与合作，随着个体数目的增加，通信开销的增幅较小。因此，它具有较好的可扩充性。

（3）简单性。群体中每个个体的能力或遵循的行为规则非常简单，因而集群智能的实现比较方便，具有简单性的特点。

（4）自组织性。群体表现出来的复杂行为是通过简单个体的交互过程突现的智能，因此，群体具有自组织性。

2. 集群智能优化算法的优点

方法总是随着问题的提出而产生，随着工程优化问题复杂性的增加和规模的扩大，原有的优化方法已不能满足优化要求。为了寻找全局最优解，一类不依赖于问题本身性质，并可用于求解全局最优解的随机性算法应运而生。基于生物群体行为启发的集群智能优化算法是对某种社会行为、自然现象的模拟，这使得它具有不同于传统优化方法的优点。

（1）应用范围广。集群智能优化算法不依赖搜索空间的知识及其他辅助信息，它采用适应度函数来评价个体，并在此基础上驱动进化过程。因而在优化过程中不依赖于优化问题本身严格的数学性质，如连续性、可导性及目标函数和约束条件的精确数学描述等，这使得此类算法有更广阔的应用范围。

（2）自适应性。在复杂的、不确定的、时变的环境中，个体会通过加入最优解、群体感应或趋化等自我学习方式来适应环境。

（3）通用性。此类算法不是针对特定的问题而设计的，且算法原理简单并容易实现，通过一定的变换，可用于求解很多优化问题。

（4）并行性。算法的搜索过程不是从一点出发，而是以可行空间的种群为研究对象，即同时从多个点出发，以某种概率方式对种群进行宏观调控或对个体进行训练学习。在进化过程中，每一个个体进行的操作相对独立，所以这种方法具有天然的并行性。并行模式将大大提高整个算法的运行效率、健壮性和快速反应能力。

（5）全局性。集群智能优化算法不依赖目标函数的解析性质，而是采用概率方式或引入避免搜索过程陷入某一区域的机制，在可行域空间中进行随机搜索，因此收敛速度慢。但是这种搜索方式更易跳离局部最优陷阱，找到问题的全局最优解。

1.4　集群智能优化算法的研究、应用现状及展望

1.4.1　算法改进研究

根据没有免费午餐定理，对于基于迭代的最优化算法，不存在某种算法对所有问题都好，即任何方法都有局限性，局限于某个问题、某个领域或某种特性。为克服各算法的不足，研究人员相继提出了许多改进措施，这些改进可分为七类：个体编码、参数调整、多子群协同、种群邻域结构、基于生物行为改进、混合策略和并行计算。

1.　个体编码

个体编码是集群智能计算的第一步，编码策略的选取直接影响到算法的功能，对交叉操作甚至起到决定性的作用。除了用二进制编码和实数表达个体外，研究者还设计了其他编码方式，如 Delta 编码、格雷编码、顺序编码、广义图编码、树编码、指数编码、符号编码、序号编码、变长编码等。

2.　参数调整

在现有的生物启发式算法中，每个算法都至少包含三个参数，参数的选取对算法搜索效率以及最终解的精度有很大影响，因此，很多研究者都提出了相应的参数调整方案，如经验法、实验测试法、触发器法和模糊逻辑等方法。在这些方法中，有些方法易于实现，但往往具有主观性；有些方法工作量大且不具有普适性；有些方法只考虑了算法中的一个参数，具有片面性等问题。因此，算法中的所有参数在求解不同的问题时该如何设置，仍然是一个开放性难题。

如遗传算法在实现中包含了三个操作算子（选择、交叉和变异）和多个控制参数（染色体长度、群体规模、交叉概率和变异概率）。蚁群优化算法是个参数化的群体算法，它的重要参数包括蚂蚁系统中蚂蚁的数目 m、信息素强度对下一个城市的选择概率的影响程度 a、路径长度对下一个城市的选择概率的影响程度 β 及信息素的保存速率 ρ，这些参数在求解不同的问题时该如何设置仍然是一个开放性的难题。

3.　多子群协作

对于复杂优化问题，集群智能优化算法可能出现过早收敛于局部最优解的情

况。为解决这一问题，许多研究者提出协作优化方法。其主要方法是算法初始阶段将种群分为多个子群，迭代过程中，各子群按设定的协作方式进行进化，如合作型协作进化或竞争型协作进化。多子群之间的信息交流有效地提高了算法搜索全局最优解的概率。依据不同的生物协作进化模型，可分为无关共生、合作共生（互惠共生、偏利共生）、寄生共生、捕食-猎物共生和竞争共生（偏害共生）等协作进化算法。

4. 种群邻域结构

种群邻域结构定义了群内个体的连接及信息交流方式。邻域结构是决定优化算法效果的一个很重要的因素，同一优化算法的不同邻域结构，其优化效果可能会有很大差别。目前研究得比较多的几种基本结构类型为星形结构、环形结构、金字塔结构、冯·诺依曼体系结构、随机结构、小世界结构及变邻域结构等。

5. 基于生物行为改进

自受自然界生物现象启发取得重要成果后，研究者们一直致力于对生物各种生存特性的机理进行研究及行为模拟，并将它们引入现有算法中，如基于捕食与掠夺行为的粒子群优化算法及遗传算法、雁群启示的粒子群优化算法、基于生物寄生行为的双种群粒子群优化算法、采用生命期限适应度评价的协作进化遗传算法、引入病毒感染功能的病毒协作进化遗传算法。

6. 混合策略

混合策略就是将集群智能算法与其他算法（包括传统优化算法或其他技术，如机器学习、深度学习、量子计算、模糊智能和人工神经网络等）混合使用，用于提高个体多样性、增强全局探索能力，或者提高局部开发能力、增强收敛速度与精度等。如结合模拟退火、禁忌搜索、爬山法、单纯形法、混沌搜索、神经网络、免疫计算和差分进化等算法，或引入小生境、高斯变异、自适应调整、量子计算、梯度计算、云模型、随机扰动和协作机制等技术。

7. 并行计算

对于大规模优化问题，集群智能计算需要大量的迭代计算，但它的计算实时性难以保证，在工程应用中遇到了瓶颈。计算机多核、基于中央处理器（central processing unit，CPU）通用计算的发展，给研究并行计算提供了平台。由于集群智能本身具有天然的并行性，因此许多学者提出了并行集群智能算法来解决大规模优化问题。并行集群智能计算分主从式、粗粒度、细粒度、混合粒度、变粒度和细胞等并行模型。每一类并行模型均有不同的并行策略，包括迁移、拓扑和任务分配等。

1.4.2　算法应用现状

集群智能优化算法不依赖于问题的具体领域，对问题的种类有很强的鲁棒性，是求解复杂系统优化问题的有效方法，所以广泛应用于许多实际工业领域，如电力系统、模式识别与图像处理、化工、机械、通信、机器人、经济、生命科学、任务分配、旅行商问题等等。按照待优化问题的类型，这些领域的优化问题可分为约束优化、组合优化、聚类分析、多目标和动态优化等类型。

1. 约束优化

约束优化问题广泛存在于现实世界中。传统优化方法对简单的优化问题发挥了较大的作用，但随着科学、工程、经济和国防等各个领域的发展，对于现代社会提出的复杂约束优化问题，它却不再适用。近十年来，许多学者对利用集群智能优化算法求解约束优化问题进行了广泛的研究，并针对许多领域的约束优化问题，如生产计划、自动控制、故障诊断等提出了大量的解决方法。

2. 组合优化

组合优化问题是通过对数学方法的研究寻找离散事件的最优编排、分组、次序或筛选等，是运筹学中的一个经典且重要的分支，所研究的问题涉及经济管理、信息科学、工程技术、交通运输、通信网络等诸多领域。随着问题规模的增大，组合优化问题的搜索空间也急剧扩大，用传统方法很难甚至不能求出问题的最优解。实践证明，智能优化算法对于解决组合优化问题非常有效，能够解决诸如生产车间调度、路径规划、生产规划、任务分配等问题。

3. 聚类分析

聚类是根据数据间的相似程度自动地进行分类，使得类之间相似性尽量小，而类内的相似性尽量大。传统的解决方法有划分法、层次法、密度法、网格法和模型法等。但由于数据挖掘中所需处理的数据具有一些特性，因此传统的聚类算法并不一定适用。集群智能优化算法在许多聚类分析领域，包括机器学习、手写体字符的计算机识别、交通管理、塞车状况预测、破产预测、物流领域的客户分类、网络信息的入侵分析、万维网文本分类、生物技术的基因识别、航空领域空间数据处理和卫星照片分析等方面都有成功应用。

4. 多目标优化

多目标优化是现实工程应用中经常遇到的问题。由于多目标优化问题中的多个目标并不是独立存在，它们往往是耦合在一起的互相竞争的目标，且每个目标具有不同的意义和量纲，因此对其优化变得异常困难。这类问题采用传统的优化技术已不能解决，而利用进化算法求解多目标优化是一个新的研究领域。

5. 动态优化

动态优化问题是指优化问题往往随着时间而变化，问题相对复杂，且在现实世界中也很常见。其解决算法应具有较强的搜索和感应环境变化能力，以及非常高的实时性。将此类算法应用于动态环境的研究可以追溯到 1966 年，但是直到 20 世纪 80 年代中期才成为众多学者的研究热点。近些年来，为了能够持续地适应非静态环境中解的变化，许多学者使用了各种方法来解决这个问题。解决方法大体上可以分成四种：在环境变化之后加大解个体的分布度，在算法运行过程中保持解个体的分布度，增加记忆功能，采用多群体策略。

1.4.3　算法研究展望

经过三十多年的发展，集群智能优化算法凭借其简单的算法结构和突出的问题求解能力，吸引了众多研究者的目光，对它的研究取得了令人瞩目的成果。且工程问题中日益复杂的信息处理需求，为此类算法的应用研究提供了广阔的空间。但由于它具有太广泛的应用领域和操作间的非线性作用及其所带来的随机性和不确定性等因素，其本身构成一个复杂系统，给算法的理论分析带来了很大的困难。正因为如此，目前此类算法的理论方面的研究工作还相当有限，主要集中在算法搜索机理研究、行为分析和收敛性分析等方面。而且除了遗传算法外，其他算法的收敛性和鲁棒性都没有利用数学方法证明过，所以未形成系统的分析方法和坚实的数学基础，只是算法的仿真。因此，进行理论分析与研究仍有待进一步研究与发展。

没有免费午餐定理指出，对于基于迭代的最优化算法，不存在某种算法对所有问题的求解效果都好。因此，集群智能优化算法还需要进一步改善，如参数调整、编码设计、设计混合等。另外，优化算法的思想来源于自然界，是模拟生物习性得到的计算方法，由于要解决的问题千差万别，在求解实际问题时已陷入固有的模拟框架，使得一些问题在采用这些算法时表现得无能为力。如何设计新的优化方法也是应考虑研究的重要方向之一。

参 考 文 献

[1]　Dixon L C W, Szego G P. Towards Global Optimization. Amsterdam: North-Holland, 1975.

[2]　Weise T. Global optimization algorithms—theory and application. Proceedings of the XII Global Optimization Workshop, Mago, 2009: 242-243.

[3]　Rubinov A, Tuy H, Mays H. An algorithm for monotonic global optimization problems. Optimization, 2001,(49): 205-221.

[4]　Tuy H. Normal sets, polyblocks and monotonic optimization. Vietnam Journal of Mathematics, 1999, 27(4): 277-300.

[5]　Shen P P, Zhang K C, Wang Y J. Applications of interval arithmetic in non-smooth global optimization. Applied Mathematics and Computation, 2003, 144(2-3): 413-431.

[6]　Markót M C, Fernández J, Casado L G, et al. New interval methods for constrained global optimization. Mathematical Programming, 2006, 106(2): 287-318.

[7]　Gomory R E. An algorithm for integer solutions to linear programs. Recent Advances in Mathematical Programming, 1963, (64): 269-302.

[8]　Land A H, Doig A G. An automatic method of solving discrete programming problems. Econometrica, 1960, 28(3): 497-520.

[9]　Ge R P. A filled function method for finding a global minimizer of a function of several variables. Mathematical Programming, 1990,(46): 191-204.

[10]　Youness E A. Level set algorithm for solving convex multiplicative programming problems. Applied Mathematics and Computation, 2005, 167(2): 1412-1417.

[11]　Levy A V, Monpalvo A. The tunneling algorithm for the global minimization of functions. SIAM Journal on Scientific and Statistical Computing, 1985, 6(1): 15-29.

[12]　Horst R, Pardalos P M. Hand Book of Global Optimization. Boston: Kluwer Academic Publishers, 1995.

[13]　Pardalos P M, Romeijn H E, Tuy H. Recent developments and trends in global optimization. Journal of Computational and Applied Mathematics, 2000, 124: 209-228.

[14]　Polya G. How to Solve It: A New Aspect of Mathematical Method. Princeton, NJ: Princeton University Press, 1945.

[15]　Pearl J. Heuristics: Intelligent Search Strategies for Computer Problem Solving. New York: Addison-Wesley, 1983.

[16]　Rastrigin L A. The convergence of the random search method in the extremal control of a many parameter system. Automation and Remote Control, 1963, 24(10): 1337-1342.

[17]　Matyas J. Random optimization. Automation and Remote Control, 1965, 26(2): 246-253.

[18]　Baba. N. Convergence of a random optimization method for constrained optimization problems. Journal of Optimization Theory and Applications, 1981, 33(4): 451-461.

[19]　Hart P E, Nilsson N J, Raphael B. A formal basis for the heuristic determination of minimum cost paths. IEEE Transactions on Systems Science and Cybernetics SSC4, 1968, 4(2): 100-107.

[20]　Osman I H. An introduction to meta-heuristics//Lawrence M, Wilsdon C. Operational Research Tutorial Papers. Birmingham, UK: Operational Research Society Press, 1995: 92-122.

[21]　Osman I H, Kelly J P. Meta-heuristics: an overview//Osman I H, Kelly J P. Meta-heuristics: Theory and applications. Boston: Kluwer, 1996: 1-21.

[22]　Blum C, Roli A. Metaheuristics in combinatorial optimization: overview and conceptual comparison. ACM Computing Surveys, 2003, 35(3): 268-308.

[23]　Kirkpatric S, Gelatt C D, Vecchi M P. Optimization by simulated annealing. Science, 1983,220: 671- 680.

[24]　Glover F. Tabu search-Part I. ORSA Journal on Computing, 1989, 1(3): 190-206.

[25]　Glover F. Tabu search-Part II. ORSA Journal on Computing, 1990, 2(1): 4-32.

[26]　Feo T A, Resende M G C. Greedy randomized adaptive search procedures. Journal of Global Optimization, 1995,(6): 109-133.

[27]　Mladenovic N, Hansen P. Variable neighborhood search. Computers and Operations Research, 1997, 24(11): 1097-1100.

[28]　Voudouris C. Guided Local Search for Combinatorial Optimization Problems. Colchester: University of Essex, 1997.

[29]　Voudouris C, Tsang E. Guided local search. European Journal of Operational Research, 1999, 113(2): 469-499.

[30]　Lourenço H R, Martin O C, Stützle T. Iterated Local Search. Economics Working Papers, 2001, 32(3): 320-353.

第 2 章　集群智能优化算法

2.1　进　化　计　算

进化计算是模拟生物进化过程中的自然选择机制和信息遗传规律算法的总称[1]，主要包括遗传算法[2]、遗传编程（genetic programming，GP）[3]、进化策略（evolutionary strategies，ES）[4]和进化编程[5]。为充分挖掘和利用个体所携带的有效信息，Storn 和 Price 于 1997 年基于种群内的个体差异度提出差分进化算法[6]；Reynolds 于 1994 年提出了一种源于文化进化的双层进化模型，称为文化算法[7]。各种不同进化计算方法的框架基本上是一致的，如图 2.1 所示，只是在步骤 3 中，不同进化方法采用不同的个体评价方法和子代生成方法。

进化计算以其本质上的并行性、广泛的可应用性以及算法的高度稳健性、简明性和全局优化性等优点迅速被应用于多个领域，现已成为运筹学、信息科学和计算机科学等诸多学科共同关注的热点。

Begin

　　　　设置初始参数，并随机产生初始群体。

While　（结束条件没有满足）

　　　　步骤1：计算各个个体的适应度值。

　　　　步骤2：选择用于操作的父代个体。

　　　　步骤3：运用进化操作方法对所选父代个体进行操作生成子代个体。

　　　迭代结束，输出最优个体。

End

图 2.1　进化计算方法基本框架

2.1.1　遗传算法

1. 算法基本原理

遗传算法是由美国的 Holland 教授于 1975 年提出的[2]，是一类借鉴生物界的进化规律（适者生存、优胜劣汰的遗传机制）而来的随机化搜索方法。其主要特点是直接对结构对象进行操作，不存在求导和函数连续性的限定；具有内在的隐并行性和更好的全局寻优能力；采用概率化的寻优方法，能自动获取和指导优化的搜索空间，自适应地调整搜索方向，不需要确定的规则。

遗传算法通过对染色体的评价和对染色体中的基因作用，有效利用已有的信息来指导下一代的染色体向更优秀状态进化。求解问题时，将问题的求解过程视为染色体适者生存的过程，通过染色体一代一代的不断进化（包括选择、交叉、变异等操作）实现对环境的适应，保留优良个体，淘汰劣质个体，最终收敛到"最适应环境"的个体，从而找到问题的最优解或满意解。

在算法实现过程中，用适应度值来判断染色体的好坏，它的定义一般与具体求解问题有关。这也是个体唯一需要获取的信息。选择操作的目的是为了从当前群体中选出优良的个体，使它们有机会作为父代繁殖子孙，进行选择的原则是适应性强的个体为下一代贡献一个或多个后代的概率大。交叉操作是遗传算法中最主要的遗传操作。通过交叉操作可以得到新一代个体，新个体继承了其父辈个体的有效模式，有助于产生优良个体。变异操作通过随机改变个体中某些基因而产生新个体，有助于增加种群的多样性，避免早熟收敛。

2. 算法实现步骤

遗传算法流程图如图 2.2 所示，主要实现步骤描述如下。

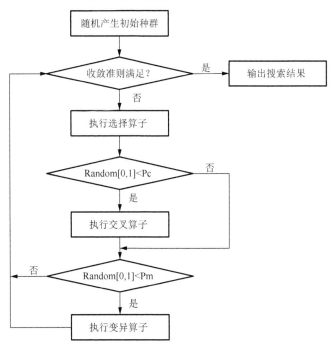

图 2.2　遗传算法流程图

步骤 1：随机产生一组初始个体构成初始种群，评价每个个体的适应度值。

步骤 2：根据适应值大小以一定方式执行选择操作。

步骤 3：按交叉概率执行交叉操作。

步骤 4：按变异概率执行变异操作。

步骤 5：评价每个个体的适应值，判断算法的收敛准则是否满足，若满足则输出结果，否则返回步骤 2。

2.1.2　差分进化算法

1. 算法基本原理

差分进化算法是一种基于种群差异的进化算法，与其他进化计算算法一样，都是基于集群智能理论的优化算法，利用群体内个体之间的合作与竞争产生的集群智能模式来指导优化搜索的进行。与其他进化计算不同的是，差分进化计算保留了基于种群的全局搜索策略，采用实数编码、基于差分的简单变异操作和一对一的竞争生存策略，降低了进化操作的复杂性。差分进化计算特有的进化操作使其具有较强的全局收敛能力和鲁棒性，非常适合求解一些复杂环境中的优化问题。

差分进化算法的基本思想如下：首先，父代个体间的变异操作构成变异个体；接着，父代个体与变异个体之间按一定的概率进行交叉操作，生成一个试验个体；然后，在父代个体与试验个体之间根据适应度的大小进行贪婪选择操作，保留较优者，实现种群的进化。

设当前进化代数为 t ，群体规模为 NP ，空间维数为 D ，当前种群为 $X(t) = \left\{ \boldsymbol{x}_1^t, \boldsymbol{x}_2^t, \cdots, \boldsymbol{x}_{NP}^t \right\}$ ， $\boldsymbol{x}_i^t = \left(x_{i1}^t, x_{i2}^t, \cdots, x_{iD}^t \right)^{\mathrm{T}}$ 为种群中的第 i 个个体。在进化过程中，对每个个体 $\boldsymbol{x}_i^t$ 依次进行下面三种操作。

（1）变异操作。对每个个体 $\boldsymbol{x}_i^t$ 产生变异个体 $\boldsymbol{v}_i^t = (v_{i1}^t, v_{i2}^t, \cdots, v_{iD}^t)^{\mathrm{T}}$ ，则

$$v_{ij}^t = x_{r_1 j}^t + F(x_{r_2 j}^t - x_{r_3 j}^t), \quad j = 1, 2, \cdots, D \tag{2.1}$$

式中， $\boldsymbol{x}_{r_1}^t = (x_{r_1 1}^t, x_{r_1 2}^t, \cdots, x_{r_1 D}^t)^{\mathrm{T}}$ 、 $\boldsymbol{x}_{r_2}^t = (x_{r_2 1}^t, x_{r_2 2}^t, \cdots, x_{r_2 D}^t)^{\mathrm{T}}$ 和 $\boldsymbol{x}_{r_3}^t = (x_{r_3 1}^t, x_{r_3 2}^t, \cdots, x_{r_3 D}^t)^{\mathrm{T}}$ 是群体中随机选择的三个个体，并且 $r_1 \neq r_2 \neq r_3 \neq i$ ； $x_{r_1 j}^t$ 、 $x_{r_2 j}^t$ 和 $x_{r_3 j}^t$ 分别为个体 r_1 、 r_2 和 r_3 的第 j 维分量； F 为变异因子，一般取值为[0,2]。这样就得到了变异个体 $\boldsymbol{v}_i^t$ 。

（2）交叉操作。由变异个体 $\boldsymbol{v}_i^t$ 和父代个体 $\boldsymbol{x}_i^t$ 得到试验个体 $\boldsymbol{u}_i^t = (u_{i1}^t, u_{i2}^t, \cdots, u_{iD}^t)^{\mathrm{T}}$ ，则

$$u_{ij}^{t} = \begin{cases} v_{ij}^{t}, & \text{rand}[0,1] \leqslant \text{CR} \ \text{ 或 } \ j = \text{j\_rand} \\ x_{ij}^{t}, & \text{rand}[0,1] > \text{CR} \ \text{ 和 } \ j \neq \text{j\_rand} \end{cases} \tag{2.2}$$

式中，rand[0,1] 是 [0,1] 的随机数；CR 是范围在 [0,1] 的常数，称为交叉因子，CR 值越大，发生交叉的可能性就越大；j_rand 是在 [1, D] 随机选择的一个整数，它保证了对于试验个体 $\boldsymbol{u}_i^t$ 至少要从变异个体 $\boldsymbol{v}_i^t$ 中获得一个元素。以上的变异操作和交叉操作统称为繁殖操作。

（3）选择操作。差分进化算法采用的是"贪婪"选择策略，即从父代个体 $\boldsymbol{x}_i^t$ 和试验个体 $\boldsymbol{u}_i^t$ 中选择一个适应度值最好的作为下一代的个体 $\boldsymbol{x}_i^{t+1}$，选择操作为

$$\boldsymbol{x}_i^{t+1} = \begin{cases} \boldsymbol{x}_i^t, & \text{fitness}(x_i^t) < \text{fitness}(u_i^t) \\ \boldsymbol{u}_i^t, & \text{其他} \end{cases} \tag{2.3}$$

式中，fitness(·) 为适应度函数，一般以所要优化的目标函数为适应度函数。本书的适应度函数如无特殊说明均为目标函数且为求函数极小值。

2. 算法实现步骤

差分进化算法流程图如图 2.3 所示，主要实现步骤描述如下。

步骤 1：初始化参数。种群规模 NP，缩放因子 F，变异因子 CR，空间维数 D，进化代数 $t = 0$。

步骤 2：随机初始化初始种群 $X(t) = \left\{ \boldsymbol{x}_1^t, \boldsymbol{x}_2^t, \cdots, \boldsymbol{x}_{\text{NP}}^t \right\}$，其中 $\boldsymbol{x}_i^t = \left(x_{i1}^t, x_{i2}^t, \cdots, x_{iD}^t \right)^{\text{T}}$。

步骤 3：个体评价。计算每个个体的适应度值。

步骤 4：变异操作。按式（2.1）对每个个体进行变异操作，并得到变异个体 $\boldsymbol{v}_i^t$。

步骤 5：交叉操作。按式（2.2）对每个个体进行交叉操作，得到试验个体 $\boldsymbol{u}_i^t$。

步骤 6：选择操作。按式（2.3）从父代个体 $\boldsymbol{x}_i^t$ 和试验个体 $\boldsymbol{u}_i^t$ 中选择一个作为下一代个体。

步骤 7：终止检验。由上述产生的新一代种群 $X(t+1) = \left\{ \boldsymbol{x}_1^{t+1}, \boldsymbol{x}_2^{t+1}, \cdots, \boldsymbol{x}_{\text{NP}}^{t+1} \right\}$，设 $X(t+1)$ 中的最优个体为 x_{best}^{t+1}，如果达到最大进化代数或满足误差要求，则停止进化并输出 x_{best}^{t+1} 为最优解，否则令 $t=t+1$，转步骤 3。

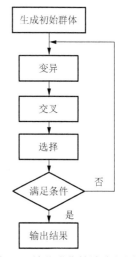

图 2.3　差分进化算法流程图

2.1.3 文化算法

1. 算法基本原理

文化算法是一种双层进化机制，目的是将文化作为一种人以往的经验保存于知识库，以供后人在知识库中学到没有直接经历的经验知识。

算法由种群空间和信仰空间构成双层进化机制，总体上包括三大元素：种群空间、信仰空间和通信协议。种群空间和信仰空间是两个相对独立的进化过程，但是又相互影响相互促进，两个空间根据通信协议相互联系，对进化信息进行有效提取和管理，并将其用于指导种群空间的进化。种群空间从微观的角度模拟生物个体根据一定的行为准则进化的过程，信仰空间从宏观的角度模拟文化的形成、传递和比较等进化过程。这个过程使得种群像人类社会推演一样，不仅有生物特征的进化，而且有文化信仰作为指导，超越单纯的生物进化，具有目的性和方向性。算法结束后，末代种群中的最优个体经过解码，可以作为问题近似最优解。文化算法基本框架结构如图 2.4 所示。

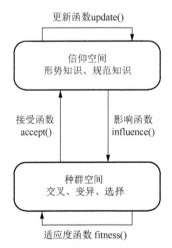

图 2.4　文化算法基本框架结构

文化算法的重要特征是引进了信仰空间，将群体空间中的个体在进化过程中形成的个体经验，通过接受函数传递到信仰空间，信仰空间将收到的个体经验看成一个单独的个体，根据一定的行为规则进行比较优化，形成知识储备。它根据现有的经验和新个体经验的情况更新知识，修改群体空间中个体的进化行为规则，以使个体空间得到更高的进化效率。

2．算法实现步骤

文化算法流程图如图 2.5 所示，主要实现步骤描述如下。

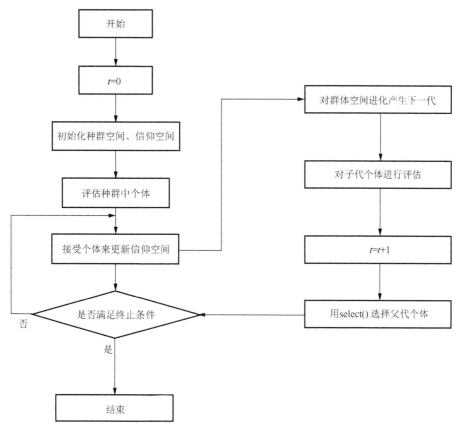

图 2.5　文化算法流程图

步骤 1：初始化种群空间。在定义域内随机生成一个 N 维实数向量，这样就在种群空间中产生了一个个体，重复以上的步骤 p 次，产生种群规模为 p 的初始种群空间。

步骤 2：通过适应度函数，对种群空间中的个体进行评价。

步骤 3：根据给定的取值范围和初始种群空间中的候选解，按照信仰空间结构，生成初始信仰空间。

步骤 4：根据影响函数 influence()，对种群空间中的每个父个体进行变异，生成 p 个相应子个体。

步骤 5：对于由子个体和父个体共同组成的规模为 $2p$ 的种群空间中的每个个体，从该种群空间中随机选取 c 个个体与它进行比较，如果该个体优于与之比较的个体，则称该个体取得一次胜利，并记录每个个体的胜利次数。选择前 p 个具有最多胜利次数的个体作为下一代的父个体。

步骤 6：设定接受函数 accept()，并更新信仰空间。

步骤 7：如果不满足终止条件，则重复步骤 5，反之则结束。

2.1.4　遗传编程

遗传编程是由美国的 Smith 教授于 1980 年提出的，它由遗传算法发展延伸而来，是进化计算方法的一个新分支。它与传统遗传算法最大的不同是以层次结构表达问题，而且其结构和大小都是动态自适应调整，更适于表达复杂的结构问题。遗传编程的任务就是从由许多树型可行解组成的搜索空间中寻找出一个具有最佳适应度的"树"。

遗传编程的基本思想如下：随机产生一个适用于所给问题环境的初始种群，种群中的每个个体为树状结构（又称为 S 表达式），计算每个个体的适应值；依据达尔文的进化原则，选择遗传算子（复制、交叉、变异等）对种群不断进行迭代优化，直到在某一代上找到最优解或近似最优解。由于采用了与遗传算法完全不同的编码方式，遗传编程中的遗传算子（主要是交叉和变异）具有完全不同的实现方式。

遗传编程主要实现步骤描述如下。

步骤 1：随机生成初始群体。

步骤 2：对程序群体重复执行下列子步骤，直至满足终止准则。

（1）用适应度的衡量标准为群体中的每个程序个体赋一个适应度；

（2）应用 3 种遗传操作（复制、交叉、变异）产生 1 个新程序群体，选择被处理的个体时是以基于适应度的概率值为标准的（允许重新选择）。

步骤 3：返回由表明结果方法确定的个体程序作为遗传编程的运行结果（这可能是该问题的解或近似解）。

2.1.5　进化策略

进化策略是由德国的 Schwefel 于 1965 年提出的。原始的进化策略不使用群体，也不进行编码，直接在解空间上进行操作，后来，随着进化计算研究的深入，群体和编码才被引入进化策略。进化策略强调，在新基因生成的过程中，变异操作比交叉操作更重要，而且其中独特的高斯变异算子后来在遗传算法中也得到了有效利用。

进化策略主要实现步骤描述如下：

步骤 1：问题被定义为寻求与函数的极值相关联的实数 n 维矢量 x，$F(x):R^n\text{-}R$。

步骤 2：从每个可能的范围内随机选择父矢量的初始群体，初始试探的分布具有典型的一致性。

步骤 3：父矢量 x_i（$i=1,\cdots,P$）通过加入一个零均方差的高斯随机变量以及预先选择 x 的标准偏差来产生子代矢量 x_i'。

步骤 4：通过对误差 $F(x_i)$（$i=1,\cdots,P$）排序以选择保持哪些矢量，决定那些拥有最小误差的矢量成为下一代的新的父代。

步骤 5：产生新的试验数据以及选择最小误差矢量的过程将继续，直到找到符合条件的答案或者所有的计算已经全部完成为止。

2.2　集　群　智　能

集群智能的概念源于人们对蜜蜂、蚂蚁、大雁等群居生物群体行为的观察和研究，是通过对其行为的模拟形成的一系列用于解决复杂问题的新方法。自 20 世纪 90 年代以来，群体智能的研究引起了许多学者的极大兴趣，他们提出了许多群智能算法，最著名的是 Kennedy 和 Eberhart 于 1995 年受鸟群捕食行为启发提出的粒子群优化算法[8]及意大利的 Dorigo 等在 20 世纪 90 年代初受蚂蚁在寻找食物过程中发现路径行为启发下提出的蚁群优化算法[9]。除此之外，2002 年，Passino 根据大肠杆菌在觅食过程中体现出来的智能行为提出了细菌觅食优化算法（bacteria foraging optimization algorithm，BFOA）[10]。Karaboga 于 2005 年根据蜜蜂觅食行为的角色特征和行为特征设计了人工蜂群（artificial bee colony，ABC）算法[11]。2002 年，Li 等提出人工鱼群算法[12]。2006 年，英国的研究者 He 等受生物群居生活的信息分享特性、"发现-加入"觅食策略及动物的扫描机制启发，提出了群搜索优化（group search optimizer，GSO）算法[13]。

可以看到，上述这些算法虽然有不同的物理背景和优化机制，但是从优化流程上看，却具有很强的一致性：都是先将搜索和优化过程模拟成个体的进化或觅食过程，用搜索空间中的点模拟自然界中的个体；将求解问题的目标函数度量成个体对环境的适应能力；将个体的优胜劣汰过程或觅食过程类比为搜索和优化过程中用好的可行解取代较差可行解的迭代过程，从而形成一种有"生成+检验"特征的迭代搜索算法；算法如此反复迭代直到满足某种收敛准则，最后输出原问题的解。此过程可用图 2.6 表示。

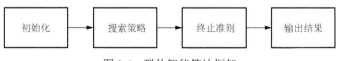

图 2.6　群体智能算法框架

2.2.1　粒子群优化算法

1. 算法基本原理

粒子群优化算法是进化算法的一种，和模拟退火算法相似，它也是从随机解出发，通过迭代寻找最优解，通过适应度来评价解的品质。但它比遗传算法规则更为简单，它没有遗传算法的交叉和变异操作，它通过加入当前搜索到的最优值来寻找全局最优解。这种算法以其实现容易、精度高、收敛快等优点引起了学术界的重视，并且在解决实际问题中展示了其优越性。

粒子群优化算法基本思想是在 D 维搜索空间中随机初始化一个由没有体积、没有质量的粒子组成的群落，将群落中的每个粒子视为优化问题的一个可行解，解的好坏由适应度函数确定。每个粒子在该 D 维搜索空间（即解空间）中运动，并由一个速度向量决定其运动的方向和距离。通常每个粒子将考虑自己本身的飞行轨迹和借鉴种群中其他粒子的飞行轨迹，经逐代搜索最后收敛到最优解。在每一代中，粒子将跟踪两个极值，一个是粒子本身迄今找到的最优解（即局部极值点），另一个是整个种群迄今找到的最优解（即全局极值点）。

假设一个由 M 个粒子组成的群体在 D 维的搜索空间以一定的速度飞行，则粒子 i 在 t 时刻的状态属性如下。

位置：$\boldsymbol{x}_i^t = \left(x_{i1}^t, x_{i2}^t, \cdots, x_{id}^t, \cdots, x_{iD}^t \right)^{\mathrm{T}}$，$x_{id}^t \in [L_d, U_d]$，$L_d, U_d$ 分别为搜索空间的下限和上限。

速度：$\boldsymbol{v}_i^t = \left(v_{i1}, v_{i2}, \cdots, v_{id}^t, \cdots, v_{iD}^t \right)^{\mathrm{T}}$，$v_{id}^t \in [V_{\min,d}, V_{\max,d}]$，$V_{\min}, V_{\max}$ 分别为最小和最大速度。

个体最优位置（即局部极值点）：$\boldsymbol{p}_i^t = \left(p_{i1}^t, p_{i2}^t, \cdots, p_{iD}^t \right)^{\mathrm{T}}$。

全局最优位置（即全局极值点）：$\boldsymbol{p}_g^t = \left(p_{g1}^t, p_{g2}^t, \cdots, p_{gD}^t \right)^{\mathrm{T}}$。

其中，$1 \leqslant d \leqslant D$，$1 \leqslant i \leqslant M$。

则粒子在 $t+1$ 时刻的位置通过下式更新获得：

$$v_{id}^{t+1} = \chi \left[w v_{id}^t + c_1 r_1 \left(p_{id}^t - x_{id}^t \right) + c_2 r_2 \left(p_{gd}^t - x_{id}^t \right) \right] \tag{2.4}$$

$$x_{id}^{t+1} = x_{id}^t + v_{id}^{t+1} \tag{2.5}$$

式中，χ 为压缩因子；w 为惯性权重；r_1、r_2 为均匀分布在（0,1）区间的随机数；c_1、c_2 为学习因子。

从式（2.4）中可以看出粒子的速度更新公式主要由以下三部分组成：

第一部分为粒子对其历史速度的"继承"，表示粒子对当前自身运动状态的信任，依据自身的速度进行惯性运动。

第二部分为粒子的自我"认知"部分，表示粒子本身的思考，即综合考虑自身以往的经历从而实现对下一步行为的决策，它反映的是一个增强学习过程，即一个得到加强的随机行为在将来更有可能出现。

第三部分为粒子的"社会"学习部分，表示粒子间的信息共享与相互合作，可由班杜拉的代理加强概念解释。根据该理论，当观察者观察到一个模型在加强某一行为时，将增加它实行该行为的概率，即粒子本身的认知将被其他粒子所模仿。

基于粒子群优化算法的这些心理学背景，在搜索过程中粒子记住它们自己的经验，同时考虑其同伴的经验，当单个粒子察觉同伴经验较好的时候，它将进行适应性调整，寻求一致认知过程。

2. 算法实现步骤

粒子群优化算法流程图如图 2.7 所示，主要实现步骤描述如下。

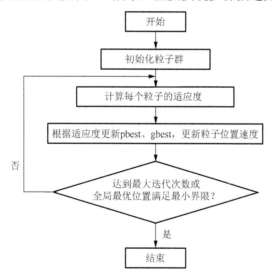

图 2.7　粒子群优化算法流程图

步骤 1：随机初始化种群中各粒子的位置和速度。

步骤 2：评价每个粒子的适应度，将当前各粒子的位置和适应值存储在各粒子的 pbest 中，将所有的 pbest 中适应最优个体的位置和适应值存储在 gbest 中。

步骤 3：用式（2.4）和式（2.5）更新粒子的速度和位置。

步骤 4：对每个粒子，将其适应值与其经历的最好位置作比较，如果较好，将其作为当前的最好位置。

步骤 5：比较当前所有 pbest 和 gbest 的值，更新 gbest。

步骤 6：若满足停止条件（通常为预设的运算精度或迭代次数），搜索停止，输出结果，否则返回步骤 3 继续搜索。

2.2.2　蚁群优化算法

1. 算法基本原理

用来寻找最短路径的蚁群优化算法来源于自然界蚂蚁的觅食行为。蚂蚁在寻找食物时，当它们碰到一个还没有走过的路口时，会随机地挑选一条路径前行，同时会释放出与路径长度有关的信息素（pheromone）。当后来的蚂蚁再次碰到这个路口的时候，选择信息素浓度较高的路径概率相对较大。这样便形成了一个正反馈。最优路径上的信息素浓度将会越来越大，而其他路径上的信息素浓度却会随着时间的流逝而逐渐消减。最终整个蚁群便能寻找到食物源与巢穴之间的一条最短路径。

如图 2.8（a）所示，一只侦察蚁发现食物后，回巢告知同伙，于是蚂蚁群成群结队地从巢穴出发去搬运食物，在巢穴和食物之间有一障碍物，觅食初始时，障碍物两侧的蚂蚁数是随机的、不可预测的。蚂蚁在两条路径上的分布是均匀的，随着时间变化，蚂蚁向信息素浓度高的方向移动。相等时间内较短路径上的信息素遗留增多，则较短路径上蚂蚁也随之增多，如图 2.8（b）所示。不难看出，由大量蚂蚁组成的蚁群系统表现出了一种正反馈现象，最终蚁群系统结构发生了变化，即某一路径上通过的蚂蚁越多，后面的蚂蚁选择此路径的概率越大，最终所有的蚂蚁将沿着该路径行进，如图 2.8（c）所示。

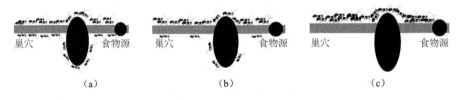

图 2.8　蚁群觅食路径

根据蚂蚁觅食的这种行为，1991 年，意大利学者 Dorigo 等在巴黎召开的第一届欧洲人工生命大会上最早提出了针对 TSP 问题的蚂蚁算法概念[9]。以 TSP 问题为例，设 m 是蚁群中蚂蚁的个数，n 为城市数，d_{ij}（$i,j=1,2,\cdots,n$）为城市 i 和城市 j 之间的距离，$\tau_{ij}(t)$ 表示 t 时刻在路段（ij）上的信息量强度，tabu_k 是蚂蚁 k 走过的城市集合。则在时刻 t 第 k 只蚂蚁从点 i 向点 j 转移的概率 $P_{ij}^{k}(t)$ 常表示为

$$p_{ij}^{\ k}(t) = \frac{[\tau_{ij}(t)]\alpha[\eta_{ij}]\beta}{\sum\limits_{l\in \text{allowed}_k}[\tau_{il}(t)]\alpha[\eta_{il}]\beta} \tag{2.6}$$

式中，$\text{allowed}_k = \{n - \text{tabu}_k\}$，表示 allowed_k 为蚂蚁 k 下一点允许选择城市；α 与 β 的相对大小决定了蚂蚁对路段信息素和质量的取向偏好；$\eta_{ij} = 1/d_{ij}$ 表示路段（ij）的能见度。经过 T 个时刻，所有蚂蚁完成一次循环，信息素的强度需要调整，设信息素蒸发率为 $1-\rho$，每次循环结束时路段（ij）上的信息素强度常表示为

$$\tau_{ij}(t+T) = \rho\tau_{ij}(t) + \Delta\tau_{ij} \tag{2.7}$$

式中，$\Delta\tau_{ij} = \sum\limits_{k=1}^{m}\Delta\tau_{ij}^{k}$，$\Delta\tau_{ij}^{k}$ 表示第 k 只蚂蚁在本次循环中留在路径（ij）上的信息量，$\Delta\tau_{ij}$ 表示本次循环中留在路径（ij）上的信息量。

根据 $\Delta\tau_{ij}^{k}$ 不同的定义，Dorigo 等给出了三种不同的蚂蚁系统模型，分别称为 Ant-cycle 模型、Ant-quantity 模型、Ant-density 模型。第一种模型利用的是整体信息，后两种模型利用的是局部信息。在 TSP 问题求解中，第一种模型性能较好，通常将它作为基本模型。

2. 算法实现步骤

求解 TSP 问题的蚁群优化算法的具体步骤如下。

步骤 1：初始化，设定最大循环次数 $\text{NC}_{\max}$，初始化信息量 τ_{ij}，信息素增量 $\Delta\tau_{ij}=0$，令当前循环次数 $N_c = 0$，将设 m 只蚂蚁置于顶点（城市）n 上。

步骤 2：循环次数 $N_c = N_c + 1$。

步骤 3：对每只蚂蚁 $k(k=1,2,\cdots,m)$，按式（2.6）移至下一顶点 j，$j \in (n - \text{tabu}_k)$。

步骤 4：更新禁忌表，将每个蚂蚁上一步走过的城市移动到该蚂蚁的个体禁忌表中。

步骤 5：根据式（2.7）更新每条路径上的信息量。

步骤 6：若 $N_c \geqslant \text{NC}_{\max}$，算法终止并输出最短路径和路径长度，否则返回到步骤 2 并清空禁忌表。

2.2.3　菌群优化算法

1. 算法基本原理

大肠杆菌（escherichia coli，E.coli）是目前为止研究较为透彻的微生物之一。大肠杆菌外形为杆状，直径约 1μm，长约 2μm，仅重 1×10^{-12}g。它身体的 70%由

水组成，包括细胞膜、细胞壁、细胞质和细胞核。大肠杆菌自身有一个觅食行为控制系统，保证它向着食物源的方向前进并及时地避开有毒的物质。比如，它会避开碱性和酸性的环境向中性的环境移动。它通过对每一次状态的改变进行效果评价，控制系统，为下一次状态的改变（例如，前进的方向和前进步长的大小）提供信息。细菌觅食优化算法从初始化一组随机解开始，将细菌的位置表示为问题的潜在解，通过趋化（chemotaxis）、繁殖（reproduction）、迁徙（elimination-dispersal）和聚集（swarming）四个步骤实现最优觅食。

（1）趋化。细菌向营养区域聚集的行为称为趋化。在趋化过程中，细菌运动模式包括翻转和前进。觅食过程中，细菌在原有方向寻找不到更好的食物时，将转向一个新方向，此过程定义为翻转。当细菌完成一次翻转后，若适应值得到改善，将沿同一方向继续移动若干步，直至适应值不再改善或达到预定的移动步数临界值，此过程定义为前进。

设细菌的种群大小为 S，细菌所处的位置表示问题的候选解，细菌 i 的信息用 D 维向量表示为 $\boldsymbol{\theta}^i = [\theta_1^i, \theta_2^i, \cdots, \theta_D^i]$，$i = 1, 2, \cdots, S$；$P(j, k, l) = \{\boldsymbol{\theta}^i(j, k, l)\}$ 表示细菌 i 在第 j 次趋化操作、第 k 次繁殖操作和第 l 次迁徙操作之后的位置，此位置的适应值用 $J(i, j, k, l)$ 表示。细菌 i 的每一步趋化操作见式（2.8）：

$$\begin{cases} \boldsymbol{\theta}^i(j+1, k, l) = \boldsymbol{\theta}^i(j, k, l) + C(i)\phi(j) \\ \phi(j) = \dfrac{\Delta(i)}{\sqrt{\Delta^{\mathrm{T}}(i)\Delta(i)}} \end{cases} \tag{2.8}$$

式中，$C(i)$ 表示个体 i 前进时的单位步长；$\phi(j)$ 为细菌的翻转方向；$\Delta(i)$ 是 $[-1,1]$ 的随机向量，$\Delta(i) = [\Delta_1(i), \Delta_2(i), \cdots, \Delta_D(i)]$。

（2）繁殖。细菌的繁殖过程遵循自然界"优胜劣汰，适者生存"原则。经过一段时间的食物搜索过程后，觅食能力强、健康程度高的细菌将繁殖出子代；觅食能力弱、健康程度低的细菌被淘汰。在标准菌群算法中，个体的适应值越高，说明个体的觅食能力越弱；反之，个体的适应值越低，则说明个体的觅食能力越强。

经过 N_c 次趋化行为，在第 k 次繁殖、第 l 次迁徙下，个体 i 的觅食能力为 J_{health}^i。首先对种群中的个体适应度进行升序排序，排序在前 $S/2$ 的细菌表示它们具有较好的觅食能力，可以进行繁殖，每个细菌分裂成两个子细菌，子细菌将继承母细菌的生物特性，具有与母细菌相同的位置及步长。排序在后 $S/2$ 的细菌表示它们具有较差的觅食能力，不可以进行繁殖。为使算法经过繁殖操作后的种群大小 S 保持不变，排序在后 $S/2$ 的细菌被淘汰。

（3）迁徙。在细菌觅食过程中，个体生活的环境可能会发生变化（如温度突然升高、天气状况改变），或者个体本身情况发生改变（如食物的消耗），这些变化可能会导致细菌死亡，或驱使它们迁徙到一个新的区域。在细菌觅食优化算法中模拟这种现象称为迁徙。

在标准菌群算法中，迁徙操作会以一定概率 P_{ed} 发生。给定概率 P_{ed} 的值，如果种群中的某个细菌个体满足迁徙发生概率，则这个细菌个体灭亡，并随机地在解空间的任意位置生成一个新个体。迁徙操作随机生成的新个体与灭亡的个体可能处在不同的位置，这代表它们具有不同的觅食能力，因此可能会找到食物更加丰富的区域，这样更有利于趋向性操作跳出局部最优解并寻找全局最优解。

（4）聚集。除了上述三个主要操作外，细菌觅食优化算法还有群聚性的特点。菌群觅食过程中，每个细菌个体除按照自己的方式搜索食物外，还会收到种群中其他个体发出的信号，如果是吸引力信号，则个体会游向种群中心，如果是排斥力信号，则保持个体与个体之间的安全距离。细菌个体之间通过这种相互的作用来完成群体的聚集行为。细菌间聚集作用的数学表达式如下所示：

$$
\begin{aligned}
J_{cc}(\boldsymbol{\theta}, P(j,k,l)) &= \sum_{i=1}^{S} J_{cc}(\boldsymbol{\theta}, \boldsymbol{\theta}^i(j,k,l)) \\
&= \sum_{i=1}^{S} \left[-d_{attract} \exp\left(-w_{attract} \sum_{m=1}^{D} (\theta_m - \theta_m^i)^2\right) \right] \\
&+ \sum_{i=1}^{S} \left[-h_{repellant} \exp\left(-w_{repellant} \sum_{m=1}^{D} (\theta_m - \theta_m^i)^2\right) \right]
\end{aligned}
\tag{2.9}
$$

式中，$d_{attract}$ 和 $w_{attract}$ 为引力深度和宽度；$h_{repellant}$ 和 $w_{repellant}$ 为排斥力高度和宽度。细菌执行一次趋化操作后，其新适应度函数值为

$$
J(i, j+1, k, l) = J(i, j+1, k, l) + J_{cc}(\boldsymbol{\theta}^i(j+1, k, l), P(j+1, k, l))
\tag{2.10}
$$

2. 算法实现步骤

菌群优化算法主要实现步骤描述如下，流程图如图 2.9 所示。

步骤 1：参数初始化。设定算法中涉及的所有参数，包括细菌种群规模 S；寻优空间维数 D；个体 i 在解空间的位置 X^i；迭代次数 T_{max}；个体趋化、繁殖和迁徙操作的执行次数 N_c、N_{re} 及 N_{ed}；趋化步长 $C(i)$；每次迭代个体在营养梯度上游动的最大次数 N_s；迁徙概率 P_{ed}；细菌间引力深度 $d_{attract}$ 和宽度 $w_{attract}$；排斥力高度 $h_{repellant}$ 和宽度 $w_{repellant}$。

步骤 2：趋化。首先对每个细菌进行一次翻转，并在这个方向执行一次趋化步长的游动。再根据前面确定的翻转方向，对每一个细菌执行前进操作，并计算个体的适应值。比较细菌的适应值与前一个适应值，如果当前值比前一个

值更好且未达到同方向前进次数限制，则前进，并更新适应度函数值。

　　步骤 3：繁殖。为加快收敛速度，将细菌群体根据适应值进行升序排序，对具有较强繁殖能力的前 $S/2$ 的个体执行繁殖操作，对排在后面的 $S/2$ 的个体执行灭绝操作。

　　步骤 4：迁徙。每一个个体以一定的概率重新在搜索空间初始化。

　　步骤 5：如果当前的迭代次数达到了预先设定的最大次数 $T_{\max}$，或最终结果小于预定收敛精度 ξ 要求，则停止迭代，输出最优解，否则转到步骤 2。

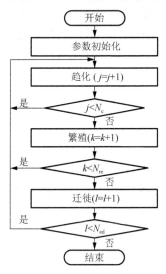

图 2.9　菌群优化算法流程图

2.2.4　人工蜂群算法

1. 算法基本原理

　　人工蜂群算法是一种基于蜜蜂觅食行为的智能优化算法。人工蜂群算法自提出以来，就以概念简单、控制参数少、算法容易实现、优化效果良好等优点吸引了大批学者进行研究，并逐渐进入到了各个应用领域。

　　人工蜂群算法的主要思想是模拟蜂群的觅食行为。在一个蜂群中，当开始进行觅食的时候，通常大多数的工蜂都先留在蜂巢内，只有少数工蜂出外进行侦察，称为侦察蜂。当侦查蜂寻找蜜源的时候，首要任务是保证先找到一个蜜源。然后它们采蜜后飞回巢穴。在巢穴中有个区域称为跳舞区，所有发现蜜源的工蜂都在此进行舞蹈。跳摇臀舞或跳"8"字舞以传递食物源的信息并召集等待在巢穴内的工蜂一起采蜜。整个过程如图 2.10 所示。

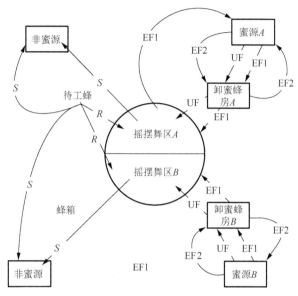

图 2.10　蜜蜂觅食行为描述

假设在巢穴的周围有两处蜜源：A 和 B。开始时巢穴中的待工蜂称为非雇佣蜂，其有两种选择：

（1）由某些因素促使它们出外进行觅食搜索，如图 2.10 中的蜜蜂 S。

（2）它们在舞蹈区观察到了其他工蜂的舞蹈，此时它们成了被招募者，跟随跳舞的工蜂去采蜜，如图 2.10 中的蜜蜂 R。

当侦察蜂搜索到蜜源后进行采蜜并携带蜜源的信息飞回巢穴。回到巢穴后，在巢穴中称为卸蜜蜂房的特定区域进行卸蜜。随后该蜜蜂根据探索到的蜜源的质量其会表现出三种不同的状态：

（1）卸蜜后进入蜂巢变成待工蜂，如图 2.10 中的蜜蜂 UF。

（2）进入舞蹈区跳舞召集更多的工蜂对蜜源进行开采，如图 2.10 中的蜜蜂 EF1。

（3）继续进行觅食而不进行招募，如图 2.10 中的蜜蜂 EF2。

蜜蜂的这种采食策略不仅可以有效获取最优食物源，同时也能对资源环境的变化作出迅速而灵活的反应。当一处资源即将耗尽或者新的、更好的资源出现的时候，侦查蜂便可以通过召集行为迅速带领蜂群开发新的更好的蜜源。人工蜂群算法正是模拟工蜂的这种觅食行为而提出的。

在人工蜂群算法中主要包括三种元素：食物源（即蜜源）、雇佣蜂（employed bees）和非雇佣蜂（unemployed bees）；其中的非雇佣蜂又包括了观察蜂（onlooker bees）和侦察（scouts）蜂。

（1）食物源相当于优化问题中解的位置。食物源质量的好坏由多方面因素决定，如距离蜂巢的远近、花蜜的丰富程度等。但在人工蜂群算法中，食物源的价值由适应度值来表示。

（2）雇佣蜂也称引领蜂，即已经发现食物源的蜜蜂并携带了关于食物源的信息。其与食物源一一对应，即引领蜂数量=食物源数量。

（3）观察蜂在蜂巢的舞蹈区观察完引领蜂的舞蹈后，根据舞蹈所表达的关于食物的信息来确定食物源质量的优劣，并以轮盘赌的方式选择跟随哪个引领蜂去其食物源周围进行采蜜。由此可以看出，食物源质量越好越容易吸引更多观察蜂去采蜜，但食物源质量不好也并不是一点吸引力也没有。在人工蜂群算法中观察蜂的数量与雇佣蜂数量相等，即食物源数量=雇佣蜂的数量=观察蜂的数量。侦查蜂负责随机搜索蜂巢附近的食物源，这增强了算法跳出局部最优解的能力。通常情况下一个巢穴中的侦察蜂的平均数目是蜂群的10%～15%。在人工蜂群算法中，当雇佣蜂所对应的食物源耗竭时，雇佣蜂变成侦查蜂并随机寻找一处食物源重新变成雇佣蜂。因此，在算法中只有一个侦查蜂。

可以看出，雇佣蜂与观察蜂主要负责对食物源进行开采（exploitation），而侦查蜂主要负责对食物源进行探索（exploration）。人工蜂群算法很好地结合了全局搜索和局部搜索，从而使算法的探索与开采两个方面达到了较好的平衡。

2. 算法实现步骤

人工蜂群算法主要实现步骤描述如下：

步骤1：在人工蜂群算法的初始阶段，产生随机分布的 SN 个解，即食物源位置。每个解 x_i 是一个 D 维的向量，D 是待优化参数的个数。然后对解进行评估，得到其适应度值 fit。

步骤2：在雇佣蜂阶段，每个雇佣蜂根据式（2.11）在当前食物源位置的周围找到一个新的位置，即产生一个新的解。

$$v_{ij} = x_{ij} + \phi_{ij}(x_{kj} - x_{ij}) \tag{2.11}$$

式中，$k \in (1,2,\cdots,\text{SN})$ 和 $j \in (1,2,\cdots,D)$ 是随机选择的索引，并且 $k \neq i$；ϕ_{ij} 是在[-1,1]产生的一个随机数。然后比较新产生解的值和原解的值，根据贪婪算法选择较好的一个作为其对应的食物源位置。

步骤3：在观察蜂阶段，每个观察蜂根据雇佣蜂分享的食物源适应度值的信息，以一定概率选择一个食物源。选择概率以式（2.12）进行计算：

$$p_i = \text{fit}_i / \sum_{n=1}^{\text{SN}} \text{fit}_i \tag{2.12}$$

步骤 4：在侦查蜂阶段，如果一个食物源的适应值经过 limit 次循环之后没有得到改善，则该食物源位置将被移除，limit 是人工蜂群算法中一个重要的控制参数。与该食物源对应的雇佣蜂变成侦查蜂，侦查蜂根据式（2.13）随机产生一个新的食物源位置：

$$x_i^j = x_{\min}^j + \text{rand}[0,1](x_{\max}^j - x_{\min}^j) \tag{2.13}$$

式中，$x_{\min}^j$ 和 $x_{\max}^j$ 是参数 j 的上下边界。

步骤 5：重复以上步骤直到某个终止条件达到满足。

2.2.5　萤火虫算法

1. 算法基本原理

萤火虫算法是模拟自然界中萤火虫成虫发光的生物学特点发展而来，也是基于群体搜索的随机性算法。关于萤火虫算法目前文献有两种版本：一种是 Krishnanand 等[14]提出的萤火虫群优化（glowworm swarm optimization，GSO）算法；另一种是 Yang[15]提出的萤火虫算法（firefly algorithm，FA）。两种算法的仿生原理相同，但在具体实现方面有一定差异。萤火虫算法经过近几年的发展，在连续空间的寻优过程和一些生产调度方面具有良好的应用前景。

萤火虫群优化算法是模拟萤火虫在晚上的群聚活动的自然现象而提出的，在萤火虫的群聚活动中，每只萤火虫通过散发萤光素与同伴进行寻觅食物以及求偶等信息交流。一般来说，萤光素越多的萤火虫其号召力也就越强，最终会出现很多萤火虫聚集在一些萤光素较多的萤火虫周围的情况。在萤火虫群优化算法中，每只萤火虫被视为解空间的一个解，萤火虫种群作为初始解随机分布在搜索空间中，根据自然界萤火虫的移动方式进行解空间中每只萤火虫的移动。通过每一代的移动，最终使萤火虫聚集到较好的萤火虫周围，即找到多个极值点，从而达到种群寻优的目的。

在基本萤火虫群优化算法中，把 n 个萤火虫个体随机分布在一个 D 维目标搜索空间中，每个萤火虫都携带了萤光素 l_i。每个萤火虫个体都发出一定量的萤光影响周围的萤火虫个体，并且拥有各自的决策域 $r_d^i(0 < r_d^i \leqslant r_s)$。萤火虫个体的萤光素多少与自己所在位置的目标函数有关，萤光素越多，表示萤火虫所在的位置越好，即有较好的目标值，反之则目标值较差。决策域半径的大小会受到邻域内个体数量的影响，邻域内萤火虫密度减小，萤火虫的决策域半径会加大，以便找到更多的邻居；反之，则萤火虫的决策域半径会缩小。最后，大部分萤火虫会聚集在多个位置上。初始时，每个萤火虫个体都有相同的萤光素 l_0 和感知半径 r_0。

萤光素更新：

$$l_i(t) = (1-\rho)l_i(t-1) + \gamma J(x_i(t)) \tag{2.14}$$

式中，$J(x_i(t))$ 为每只萤火虫 i 在第 t 次迭代的位置 $x_i(t)$ 处对应的目标函数值；$l_i(t)$ 代表当前萤火虫的萤光素值；ρ 为萤光素消失率；γ 为萤光素更新率。

概率选择。选择移向领域集 $N_i(t)$ 内个体 j 的概率 $p_{ij}(t)$：

$$p_{ij}(t) = \frac{l_j(t) - l_i(t)}{\sum\limits_{k \in N_i(t)} (l_k(t) - l_i(t))} \tag{2.15}$$

式中，领域集 $N_i(t) = \left\{ j : d_{ij}(t) < r_d^i(t); l_i(t) < l_j(t) \right\}$，$0 < r_d^i(t) \leqslant r_s$，$r_s$ 为萤火虫个体的感知半径。

位置更新：

$$x_i(t+1) = x_i(t) + s\left(\frac{x_j - x_i}{\|x_j - x_i\|} \right) \tag{2.16}$$

式中，s 为移动步长。

动态决策域半径更新：

$$r_d^i(t+1) = \min\left\{ r_s, \max\left\{ 0, r_d^i(t) + \beta(n_i - |N_i(t)|) \right\} \right\} \tag{2.17}$$

式中，β 为感知半径变化系数；n_i 为邻域萤火虫个数阈值；r_s 为邻域感知半径。

2. 算法实现步骤

萤火虫群优化算法主要实现步骤描述如下。

步骤 1：初始化各个参数。

步骤 2：随机初始化第 i（$i=1,2,\cdots,n$）个萤火虫在目标函数搜索范围内的位置。

步骤 3：使用式（2.14）把萤火虫 i 在第 t 次迭代的位置 $x_i(t)$ 处对应的目标函数值 $J(x_i(t))$ 转化为萤光素值 $l_i(t)$。

步骤 4：每只萤火虫在其动态决策域半径 $r_d^i(t)$ 内，选择萤光素值比自己大的个体组成其邻域集 $N_i(t)$，其中 $0 < r_d^i(t) \leqslant r_s$，$r_s$ 为萤火虫个体的感知半径。

步骤 5：利用式（2.15）计算萤火虫 i 移向邻域集内个体 j 的概率 $p_{ij}(t)$。

步骤 6：利用轮盘赌的方法选择个体 j，然后移动，根据式（2.16）更新位置。

步骤 7：根据式（2.17）更新动态决策域半径的值。

步骤 8：判断是否达到指定的代数，如果达到则转向步骤 9，否则转向步骤 4。

步骤 9：输出结果，程序结束。

2.2.6　人工鱼群算法

1. 算法基本原理

人工鱼群算法是根据水域中鱼数量最多的地方就是本水域中富含营养物质最多的地方这一特点来模拟鱼群的觅食行为而实现寻优的智能算法。它的主要特点是不需要了解问题的特殊信息，只需要对问题进行优劣的比较，通过各人工鱼个体的局部寻优行为，最终在群体中使全局最优值突现出来，有着较快的收敛速度。在此算法中，人工鱼的活动被描述为以下三种典型行为。

（1）觅食行为。这是鱼的基本行为，当发现附近有食物时，鱼会向该方向游动。具体执行方式为设置人工鱼当前状态，并在其感知范围内随机选择另一个状态，如果得到的状态的目标函数值大于当前状态的目标函数值，则向新状态靠近一步；反之，重新选取新状态，判断是否满足条件，选择次数达到一定数量后，如果仍然不满足条件，则随机移动一步。

（2）追尾行为。当某条鱼发现某处食物丰富时，其他鱼会快速尾随而至。具体执行方式为人工鱼探索周围邻居鱼的最优位置，当最优位置的目标函数值大于当前位置的目标函数值并且鱼群不是很拥挤，则从当前位置向最优邻居鱼移动一步，否则执行觅食。

（3）聚群行为。鱼往往能形成非常庞大的群。具体执行方式为人工鱼探索当前邻域内的伙伴数量，并计算伙伴的中心位置，然后把新得到的中心位置的目标函数值与当前位置的目标函数值进行比较，如果中心位置的目标函数值大于当前位置的目标函数值并且鱼群不是很拥挤，则从当前位置向中心位置移动一步，否则执行觅食行为。

2. 算法实现步骤

人工鱼群算法主要实现步骤描述如下。

步骤 1：设定鱼群的参数，包括鱼群的规模 m、最大迭代次数 gen、人工鱼的感知范围 visual、最大移动步长、拥挤度因子 d 等。

步骤 2：在参数区间内随机生成 m 条人工鱼个体作为初始鱼群。

步骤 3：计算每条鱼的食物浓度函数（目标函数），把最优值放入公告板中。

步骤 4：对于每条人工鱼执行以下操作。

（1）计算出追尾行为、聚群行为的值，采用行为选择策略，选择最优的行为的方向作为鱼的移动方向，缺省行为是觅食行为。

（2）计算出每条鱼的食物浓度函数（目标函数），将其最优值与公告板中的值进行比较，如果比公告板中的值更优，则替换公告板中的值，使公告板中始终保持最优的值。

步骤5：判断是否满足结束条件，如果满足则结束，否则转步骤4。

最终公告板中的值就是最优值。

2.3 其他算法

2.3.1 神经网络

受生物神经系统的启发，人们提出了一种新型的非算法信息处理方法——人工神经网络（artificial neural network，ANN），可简称为神经网络或连接模型[16]。该网络可以模拟大脑的某些机理与机制，从神经元的基本功能出发，逐步从简单到复杂组成网络。人工神经网络是进行分布式并行信息处理的数学模型，它依靠系统的复杂程度，通过调整内部大量节点之间相互连接的关系，达到处理信息的目的。人工神经网络具有学习、记忆和计算等智能处理功能。

人工神经网络是由大量的简单基本元件——神经元相互连接而成的自适应非线性动态系统。每个神经元的结构和功能比较简单，但大量神经元组合产生的系统行为却非常复杂。

人工神经网络反映了人脑功能的若干基本特性，但并非生物系统的逼真描述，只是某种模仿、简化和抽象。与数字计算机比较，人工神经网络在构成原理和功能特点等方面更加接近人脑，它不是按给定的程序一步一步地执行运算，而是能够适应环境、总结规律并完成某种运算、识别或过程控制。

人工神经网络首先要以一定的学习准则进行学习，然后才能工作。以人工神经网络对手写"A""B"两个字母的识别为例进行说明，规定当"A"输入网络时，应该输出"1"，而当输入为"B"时，输出为"0"。

所以网络学习的准则如下：如果网络作出错误的判决，则通过网络的学习，应使得网络减少下次犯同样错误的可能性。首先，给网络的各连接权值赋予(0,1)区间内的随机值，将"A"所对应的图像模式输入网络，网络将输入模式加权求和，与门限比较，再进行非线性运算，得到网络的输出。在此情况下，网络输出为"1"和"0"的概率各为50%，也就是完全随机的。这时如果输出为"1"（结果正确），则使连接权值增大，以便使网络再次遇到"A"模式输入时，仍然能作出正确的判断。如果输出为"0"（即结果错误），则把网络连接权值朝着减小综合输入加权值的方向调整，其目的在于使网络下次遇到"A"模式输入时，减小犯同样错误的可能性。如此操作调整，当给网络轮番输入若干个手写字母"A""B"，网络按以上方法进行若干次学习后，判断的正确率将大大提高。这说明网络对这两个模式的学习已经获得了成功，它已将这两个模式分布记忆在网络的各个连接权值上。当网络再次遇到其中任何一个模式时，能够作出迅速、准确的判断和识别。一般说来，网络中所含的神经元个数越多，它能记忆、识别的模式也就越多。

目前神经计算已成为一门日趋成熟的学科，而且几乎渗透到所有工程应用领域。当前神经计算的研究主要集中在神经计算的理论基础、神经网络集成、混合学习方法、脉冲神经网络（spiking neural networks）、循环神经网络（recurrent neural networks）、模糊神经网络、神经网络与遗传算法及人工生命的结合、神经网络的并行及硬件实现、容错神经网络研究等。

2.3.2　人工免疫系统

受生物免疫系统的隐喻，理论免疫学家 J. D. Farmer 等在 1986 年首次提出在生物免疫学和计算之间可能存在着关系，自此诞生了人工免疫系统（artificial immune system，AIS）[17]。人工免疫系统将待优化的问题对应免疫应答中的抗原，可行解对应抗体，通过亲和力来描述候选解与最优解的逼近程度。如此可以将优化问题的寻优过程与生物免疫系统识别抗原、实现抗体进化的过程对应起来，将生物免疫应答中的进化链抽象为数学上的进化寻优过程，由此形成智能优化算法。人工免疫系统具有噪声忍耐、无教师学习、自组织、不需要反面例子、能清晰地表达学习的知识等特点，目前在机器学习、函数优化、模式识别、智能控制等方面具有广阔的应用前景。

在人工免疫系统中，研究人员对免疫系统的运作机制进行了如下模拟。

（1）抗原。在生命科学中，抗原指能够刺激和诱导机体的免疫系统使其产生免疫应答，并能与相应的免疫应答产物在体内或体外发生特异性反应的物质。在人工免疫系统中，抗原指所有可能错误的基因，即非最佳个体的基因。

（2）免疫疫苗。根据进化环境或待求问题的先验知识，所得到的对最佳个体基因的估计即为免疫疫苗。

（3）抗体。在生命科学中，免疫系统受抗原刺激后，免疫细胞转化为浆细胞并产生能与抗原发生特异性结合的免疫球蛋白，该免疫球蛋白即为抗体。而在人工免疫系统中，抗体指根据疫苗修正某个个体的基因所得到的新个体。

（4）免疫算子。同生命科学中的免疫理论类似，免疫算子也分两种类型：全免疫和目标免疫。二者分别对应于生命科学中的非特异性免疫和特异性免疫。其中，全免疫是指群体中每个个体在变异操作后，对其每一环节都进行一次免疫操作的免疫类型；目标免疫则指个体在进行变异操作后，经过一定判断，个体仅在作用点处发生免疫反应的免疫类型。前者主要应用于个体进化的初始阶段，而在进化过程中基本上不发生作用，否则将很有可能产生通常意义上所说的"同化现象"；后者一般而言将伴随群体进化的全部过程，也是免疫操作的一个常用算子。

（5）免疫调节。在免疫反应过程中，大量抗体的产生降低了抗原对免疫细胞的刺激，从而抑制抗体的分化和增殖，同时新产生的抗体之间也存在着相互刺激和抑制的关系。这种抗原与抗体、抗体与抗体之间的相互制约关系使抗体免疫反应维持一定的强度，保证机体的免疫平衡。

（6）免疫记忆。免疫记忆指免疫系统将能与抗原发生反应的抗体作为记忆细胞保存下来，当同类抗原再次侵入时，相应的记忆细胞被激活而产生大量的抗体，缩短免疫反应时间。

（7）抗原识别。抗原识别是指通过表达在抗原表面的表位和抗体分子表面的对位的化学基进行相互匹配选择完成识别。这种匹配过程也是一个不断对抗原学习的过程，最终能选择产生最适当的抗体与抗原结合而排除抗原。

2.3.3　DNA 计算

1994 年，美国加利福尼亚大学的 Adleman 提出了脱氧核糖核酸（deoxyribonucleic acid，DNA）计算概念[18]，并解决了哈密顿回路问题，还成功地利用现代分子生物技术在 DNA 溶液的试管中进行了实验，开创了 DNA 计算的新纪元。它的基本思想是对于某个具体数学问题的所有可能解，按照一定的规则将原始问题的数据对象映射成 DNA 分子链，用不同的 DNA 序列进行编码；然后在相关生物酶的作用下，生成各种数据池，并对经过高度并行映射后的 DNA 分子链在合适的条件下进行可控的生物化学操作，生成新的 DNA 片断，即生成原始问题的所有可能的解空间；最后利用分子生物检测技术萃取出所需要的新的 DNA 片断（即待求问题的解）。

从数学上讲，单链 DNA 可看作由符号 A、C、G、T 组成的串，同电子计算机中编码 0 和 1 一样，可表示成 4 字母的集合来译码信息。特定的酶可充当"软件"来完成所需的各种信息处理工作。不同的酶用于不同的算子，如限制内核酸酶可作为分离算子，DNA 结合酶可作为绑结算子，DNA 聚合酶可作为复制算子，外核酸酶可作为删除算子等。这样，通过对 DNA 双螺旋进行丰富的、精确可控的化学反应以完成各种不同的运算过程，就可研制成一种以 DNA 为芯片的新型计算机。DNA 计算已被证明在理论上是通用的，可以解决图灵机所能解决的所有问题。

DNA 计算可以分为三类：分子内 DNA 计算、分子间 DNA 计算和超分子 DNA

计算。分子内 DNA 计算借助于分子内的形态转移操作，用单 DNA 分子构建可编程的状态机。分子间 DNA 计算集中在不同 DNA 分子间的杂交反应，使其作为计算中的一个基本步骤，如 Adleman 的实验。而超分子 DNA 计算是利用不同序列的原始 DNA 分子的自装配过程进行的计算。目前，超分子 DNA 计算的创新及应用已经上了一个新台阶。

2.3.4　膜计算

　　1998 年 11 月，罗马尼亚科学家 Gheorghe Paun 首次提出膜计算（membrane algorithm）。其本质是从活细胞以及由细胞组成的组织或器官的功能和结构中抽象出用于计算的思想和模型。它是一种具有层次结构的分布式并行计算模型。从微观角度看，细胞中的细胞核、泡囊等被抽象成一个细胞中的细胞膜。这些细胞膜将各个计算单元按区域划分，其中的数据结构具有多重性，可以用字符集或字符串来表示。生物细胞膜内的生化反应或细胞膜之间的物质交流被看成是一种计算过程，甚至细胞之间的物质交换也可以看成是计算单元之间的信息交流。从某种意义上来说，可以将整个生物体看成一个细胞膜，甚至可以将一个生物系统看成一个膜系统[19]。

　　膜计算理论研究主要是讨论如何从细胞的结构和功能中以及从组织、器官和其他细胞群高级结构中建立计算模型，并分析其计算能力和计算效率。计算能力是指计算模型的通用性，能否计算图灵可计算函数。目前主要有三种类型的膜计算模型：细胞型、组织型和神经型膜系统。膜计算适用于具有分布性、并行性、确定性、可拓展性且易用程序实现、可读性强和易于实现通信特征的应用问题的求解。目前，膜计算已经在生物、生物医学、计算机、经济学和密码学等领域有了一些应用。膜计算的另一个重要方向是其软件实现。由于膜系统的内在不确定性和规则执行的极大并行性，普通计算机很难有效完成膜系统的计算过程。

2.3.5　自组织迁移算法

　　自组织迁移算法（self organizing migrating algorithm，SOMA）是 Zelinka 等提出的一种新型进化算法[20]。与多数进化算法一样，SOMA 也是一种基于群体的随机性算法，但与遗传算法等传统进化算法不同，SOMA 的社会生物学基础是社会环境下群体的自组织行为，如社会性动物的自组织觅食行为。从这一意义上说，SOMA 可以和蚁群优化算法、粒子群优化算法一样归于群智能的范畴。

　　在生物群体中，合作与竞争往往是并存的。如一群动物在寻找食物时，若某一个体率先发现食物，则其成为群体中的领先者，群体中其他个体得到此信息后，往往会改变其运动方向，向领先者所在位置前进。如果在搜索过程中，某个体比先前的领先者更为成功（如发现更多或更好的食物），则它成为群体中的领导者，其他个体会再次改变运动方向，转而向新领先者所在位置前进，这与群搜索优化算法相似。SOMA 从上述"合作-竞争"行为中得到启发，通过寻优群体在问题空间中的自组织迁移运动，逐步达到或接近最优解。

在 SOMA 中，新个体按公式 $V_i = X_i + (X_b - X_i)t$ 产生。其中，X_b 为最优个体位置；X_i 为当前个体位置；V_i 为当前个体新位置；t 为步长。运动过程中如果发现新位置比当前位置更优，则个体迁移到新位置，待所有个体都运动后重新选定领先者。

2.4 集群智能算法集合

目前集群智能的研究内容涵盖了分子、细胞、内分泌/免疫/神经系统、个体、种群、生态群落等自然生态系统各个层次的生物智能模拟，本节列出了目前已被提出和广泛研究的生物启发算法及其启发思想。这些集群智能算法的模拟对象均有不同，但都是模拟简单个体协作求解复杂问题的过程。因此，算法的内部结构有共同之处：在一定的地域范围之内存在多个能力简单的个体，大部分个体在结构和功能上都是同构的；种群内没有中心控制，个体间的相互合作是分布式的；个体间遵循简单的规则进行交互和协作。而且，上述算法的计算模式也相对统一，都是基于进化单元的自适应行为，通过"生成+检验"特征的迭代搜索方式完成最终目标。

1. 分子

DNA 计算：模拟生物分子结构并借助于分子生物技术进行计算。

2. 细胞

膜计算（membrane computing）：模拟细胞多层次结构的计算模型。

3. 免疫

人工免疫系统：模拟自然免疫系统的工作机制。

4. 神经网络

（1）反向传播（back propagation）神经网络算法：误差逆传播算法训练的多层前馈网络。

（2）反馈式神经网络（feedback neural network）：考虑输出与输入在时间上的传输延迟，阐明了神经网络与动力学的关系。

5. 生物进化

（1）进化规划：从整体角度模拟生物进化，强调物种进化。

（2）进化策略：自然突变和自然选择的生物进化思想。

（3）遗传算法：自然选择、淘汰，适者生存。主要基因操作是选择、交叉和变异。

（4）遗传编程：利用生物进化思想完成用户定义的任务。

（5）文化算法：文化双重进化继承过程。

（6）差分进化算法：基于群内个体间的差异产生新个体，模拟自然界生物进化机制。

6. 蚂蚁

（1）蚁群优化算法：蚂蚁信息素觅食行为。

（2）精英蚂蚁系统（elitist ant system）。

（3）最大最小蚂蚁系统（max-min ant system）。

（4）蚁群系统（ant colony system）。

（5）基于排列的蚂蚁系统（rank-based ant system）。

（6）连续正交蚁群算法（continuous orthogonal ant colony algorithms）。

（7）递归蚁群优化算法（recursive ant colony optimization algorithms）。

7. 鸟

（1）粒子群优化算法：鸟群飞行和觅食行为。

（2）燕子群优化（swallow swarm optimization）算法：燕子分角色分工合作觅食方式。

（3）布谷鸟搜索（cuckoo search）算法：布谷鸟寄生繁殖机理和莱维飞行搜索模式。

8. 鱼

（1）人工鱼群算法（artificial fish swarm algorithm）：鱼群觅食和集群游弋行为。

（2）鱼群搜索算法（fish school search algorithm）。

9. 细菌

（1）细菌觅食优化（bacterial foraging optimization）算法：细菌趋化觅食行为。
（2）细菌趋药性（bacterial colony chemotaxis）算法：细菌群体趋药性运动。
（3）黏菌算法（slime mould algorithm）。

10. 发光昆虫

（1）萤火虫群优化算法：萤火虫通过发光吸引同伴或觅食。
（2）萤火虫算法。

11. 蜜蜂

（1）人工蜂群算法：蜜蜂采蜜行为。
（2）蜜蜂交配优化算法（honeybees mating optimization algorithm）。
（3）人工蜂巢算法（artificial beehive algorithm）。
（4）蜂群优化算法（bee colony optimization algorithm）。

12. 人类

（1）自组织迁移算法（self-organizing migrating algorithm）：社会环境下群体自组织迁移行为。
（2）头脑风暴优化算法（brain storm optimization algorithm）：模拟人类头脑风暴会议过程。
（3）人工群智慧算法（wisdom of artificial crowds algorithm）。
（4）社会情感优化算法（social emotional optimization algorithm）。

13. 植物

（1）入侵杂草优化（invasive weed optimization）算法：模拟杂草入侵过程。
（2）种子优化算法（bean optimization algorithm）。
（3）花授粉算法（flower pollinating algorithm）。

14. 其他动物

（1）猫群优化（cat swarm optimization）算法：猫群觅食的搜寻和跟踪模式。
（2）混合蛙跳算法（shuffled frog leaping algorithm）：青蛙的种群协作觅食方式。
（3）蝙蝠算法（bat algorithm）：蝙蝠回声定位行为。
（4）狼群算法（wolf pack algorithm）：狼群捕食行为及其猎物分配方式。

（5）变形虫算法（amoeboid organism algorithm）。

15. 其他类型

（1）群搜索优化算法：群居动物等捕食的群体行为。
（2）生物地理优化（biogeography-based optimization）算法：生物种群在栖息地的分布、迁徙和灭绝规律。
（3）克隆选择算法（clonal selection algorithm）。
（4）仿生优化算法（bionic optimization algorithm）。
（5）集体动物行为算法（collective animal behaviors algorithm）。
（6）微分搜索算法（differential search algorithm）。
（7）群领导优化算法（group leaders optimization algorithm）。
（8）集群算法（flocking-based algorithm）。

参 考 文 献

[1]   Back T. Evolutionary Algorithms in Theory and Practice. New York: Oxford University Press, 1996.

[2]   Holland J H. Adaption in Natural and Artificial Systems. Ann Arbor: the University of Michigan Press, 1975.

[3]   Smith S F. A learning system based on genetic adaptive algorithms. Pittsburgh: University of Pittsburgh, 1980.

[4]   Schwefel H P. Kybernetische evolution als strategie der exprimentellen forschung in der strömungstechnik. Berlin: Technical University of Berlin, 1965.

[5]   Fogel L J. Autonomous automata. Industrial Research Magazine, 1962, 4(2): 14-19.

[6]   Storn R, Price K. Differential evolution-a simple and efficient heuristic for global optimization over continuous spaces. Journal of Global Optimization, 1997, 11(4): 341-359.

[7]   Reynolds R G. An introduction to cultural algorithms. Proceedings of the Third Annual Conference on Evolution Programming. San Diego, California, USA, 1994: 131-139.

[8]   Kennedy J, Eberhart R. Particle swarm optimization. Proceedings of the IEEE International Conference on Neural Networks, New Jersey, USA, 1995: 1942-1948.

[9]   Dorigo M, Maniezzo V, Colorni A. The ant system: an autocatalytic optimizing process. Milano: Politecnico di Milano, 1991.

[10] Passino K M. Biomimicry of bacterial foraging for distributed optimization and control. IEEE Control Systems Magazine, 2002, 22(3): 52-67.

[11] Karaboga D. An idea based on honey bee swarm for numerical optimization. Turkey: Erciyes University, 2005.

[12] Li X L, Shao Z J, Qian J X. An optimizing method based on autonomous animats: fish-swarm algorithm. Systems Engineering-theory & Practice, 2002, 22(11): 32-38.

[13] He S, Wu Q H, Saunders J R. A novel group search optimizer inspired by animal behavioural ecology. Proceedings of the IEEE Congress on Evolutionary Computation, Vancouver, Canada, 2006: 1272-1278.

[14]　Krishnanand K N, Ghose D. Detection of multiple source locations using a glowworm metaphor with applications to collective robotics. Conference: Swarm Intelligence Symposium, Pasadena, CA, USA, 2005: 84-91.

[15]　Yang X S. Firefly algorithm, lévy flights and global optimization. Research and Development in Intelligent Systems, 2010(26): 209-218.

[16]　Bryson A E, Ho Y C. Applied Optimal Control: Optimization, Estimation and Control. New York: Halsted Press, 1969.

[17]　Dasgupta D. An overview of artificial immune systems and their applications//Dasgupta D. Artificial Immune Systems and Their Applications November. Berlin: Springer, 1998: 3-23.

[18]　Adleman L M. Molecular computation of solutions to combinatorial problems. Science, 1994, 266:1021-1023.

[19]　Nishida T Y. Membrane algorithms: approximate algorithms for NP-complete optimization problems. Application of Membrane Computing, 2006: 303-314.

[20]　Zelinka I, Lampinen J, Nolle L. SOMA-self-organizing migrating algorithm. Proceedings of the International Conference on Soft Computing, Brno, Czech Republic, 2000: 167-217.

第二部分
算法改进研究

　　近几年来，一方面，研究人员为增强算法本身的自适应性、收敛性和鲁棒性等特性，针对传统集群智能优化算法中存在的缺点，从生物学的角度给出其改进方法或提出新的优化算法，使之更为有效可靠；另一方面，研究人员从工程应用的角度出发，为提高算法的工程适应性，提出了一系列改进算法，以拓展集群智能优化算法的应用领域。

　　本部分介绍集群智能算法的改进研究，第一个改进研究是基于菌群优化算法，通过引入最优方向生物行为策略设计的改进算法；第二个改进研究是基于生物生命周期特征设计的生物生命周期群搜索算法，此算法包括生物出生、成长、繁殖和死亡生命特征算子。

第 3 章　基于最优方向引导的菌群算法

3.1　细菌觅食优化算法

基于大肠杆菌的控制系统[1,2]，1974 年，Bremermann 指出了细菌趋化行为用于优化的可能性[3]；1989 年，Bremermann 和 Anderson 根据细菌内部的反应机制以及细菌与环境的相互作用机制提出了细菌趋化优化模型并将其用于神经网络训练[4]。Shum 等受细菌的群体感应现象启发提出了一种新的聚类算法，并用于设计自组织、自管理、自优化的无线传感器网络[5]。Dhariwal 等受细菌有偏的随机游动（biased random walk）模式对食物资源的定位跟踪启发，设计了一种新型的机器人环境监测方法[6]。细菌觅食优化算法[7]也受到众多学者的关注。目前，菌群优化算法的研究已成为集群智能算法的又一热点，并已经在一些领域得到成功应用。

3.1.1　算法研究现状

1. 趋向性操作的改进

目前研究者对趋向性操作改进最多的是对步长单位引入自适应机制。原始细菌觅食优化算法使用固定的步长值来求解问题，不利于算法的收敛，因此一些研究者提出了自适应细菌觅食优化算法来提高细菌觅食优化算法的收敛性。例如，Das 等从理论上分析了使用自适应机制的步长对算法收敛性和稳定性的影响[8]。Mishra 提出用 Takagi-Sugeno 型模糊推理机制选取最优步长，该算法被称为模糊细菌觅食[9]。Datta 等提出用自适应增量调制来控制步长，他们证明了这个方法更简单，并更适合在其他优化问题中使用[10]。Chen 等分析步长 C 对细菌觅食优化算法局部开采和全局探索性能的影响，即步长 C 大时，算法的全局探索能力强，步长 C 小时，算法的局部开采能力强，由此他们提出了自适应趋向性步长[11]。

2. 混合算法

细菌觅食优化算法与其他进化算法一样，也有易于与其他方法结合的优点。

目前，研究者提出的与细菌觅食优化算法混合的算法有粒子群优化算法、遗传算法和差分进化算法等。Biswas 等将细菌觅食优化算法和粒子群优化算法结合，形成了细菌种群优化的混合算法[12]。Tang 等[13]和 Chu 等[14]将粒子群优化的基本思想引入细菌觅食优化算法中，分别提出了细菌群算法（bacterial swarming algorithm，BSA）和快速细菌群算法（fast bacterial swarming algorithm，FBSA），在他们提出的算法中每一个细菌根据自己周围的环境和全局最优的细菌位置来调整自己的行为，并在算法中引入了自适应的趋向性步长。Bakwad 等也提出了一个将细菌觅食优化算法与无参数的粒子群优化混合的算法[15]。Kim 等在 2007 年提出了遗传算法和细菌觅食优化算法的混合算法用于函数优化问题[16]，实验结果表明混合算法优于单独的遗传算法或细菌觅食优化算法。Biswas 等把细菌觅食优化算法的趋向性操作步骤与另外一个有发展潜力的优化算法——差分演化相混合，产生了趋向性差分演化算法[17]。在该算法中，一个细菌在执行一次趋向性操作后执行差分变异操作，剩余的操作与原始细菌觅食优化算法相似，这样每一个细菌能更仔细地探索可以搜索的空间。

3. 其他方面的改进

Tang 等基于变化的环境对细菌觅食行为进行建模[18]，模型反映了个体细菌觅食行为和小种群的演化过程，并在这个模型下形成了细菌趋向性操作算法。Li 等提出具有变化种群的细菌觅食算法[19]。在该算法中，给细菌设置年龄上限，每经过一次适应度评估，细菌的年龄就增长一岁，当细菌的年龄达到设置的上限时这个细菌就会死亡，这样在细菌觅食过程中每一代的种群大小会有所变化。Tripathy 和 Mishra 提出一个改进的细菌觅食优化算法[20]，对原细菌觅食优化算法有两方面的改进：一是在复制操作中按照细菌个体所有位置中的最优适应度排序；二是计算种群细菌之间传递信号的影响值，按照种群中所有个体与当前全局最优个体的距离进行计算。

3.1.2 算法应用现状

1. 电气工程与控制

Tripathy 等用细菌觅食优化算法解决电力系统最优潮流（optimal power flow，OPF）问题[21]。Mishra 和 Bhende 将修改后的细菌觅食优化算法用于有源滤波器比例-积分（proportional-integral，PI）控制器的参数优化[22]，提出的算法在收敛速度方面优于传统的遗传算法。Mishra 将提出的模糊细菌觅食用于谐波分析问题[23]。Kim 和 Cho 将细菌觅食优化算法与遗传算法相混合的算法应用于比例-积分-微分（proportional-integral-derivative，PID）控制器的设计问题[24]。

2. 模式识别

Acharya 等提出基于独立成分分析的细菌觅食优化算法[25]，在盲信号分离上进行了实验。Dasgupta 等将提出的自适应细菌觅食优化算法用于灰度图中的自动圆检测[26]，实验结果显示自适应细菌觅食优化算法性能优于细菌觅食优化算法和遗传算法。Chen 等提出 Multi-Colony 细菌觅食优化算法用于 RFID 网络规划问题[27]。

3. 其他

Ulagammai 等采用细菌觅食优化算法训练小波神经网络[28]，并用于验证电力负荷内在的非线性特征。Kim 和 Cho 将细菌觅食优化算法用于神经网络学习[29]。Chatterjee 和 Matsuno 提出将细菌觅食优化算法应用于提高扩展卡尔曼滤波器（extended kalman filters，EKFs）解的质量[30]，EKFs 能够解决移动机器人和无人驾驶汽车的同步定位和地图构建问题。梁艳春等将细菌觅食优化算法用于求解车间调度问题[31]。

3.2 基于方向引导的菌群算法

作为一种比较新的集群智能优化计算方法，细菌觅食优化算法也有不完善的地方，细菌个体趋化行为的随机翻转方向虽增加了种群多样性，拓展了搜索范围，但在求解相对复杂的优化问题时，延缓了个体寻优速度，且寻优性能也达不到基本的精度和稳定性要求。本章在介绍标准细菌觅食优化算法基础上，对算法的改进和应用现状进行详细综述，并基于生物行为的改进方法将细菌分泌化学信号而产生的群体感应机制嵌入到细菌觅食优化算法中，设计了基于方向引导菌群算法。

3.2.1 群体觅食理论

基于生物启发的智能优化算法实际上是模拟生物觅食的最优行为，并通过数值或分析方法将生物觅食的最优行为转化为可以求解的最优化问题的一类算法。生物的最优觅食理论讨论的基础是动物个体的觅食和搜索策略。实际上，最优觅食理论具有社会性和智能性。显而易见，群体觅食效果更好。群体觅食的优点有很多,其中之一是多个动物搜索可以提高发现食物的可能性。单个动物寻找到食物后,可以通过通信机制告诉其他成员食物的分布地点。群体的"信息中心"可帮助动物更好地生存。

3.2.2　细菌的群感应机制

群体觅食需要某种通信机制。人类通过语言等来通信,动物通过某种行为、声音或者分泌"信息素"来通信。长期以来,人们一直认为由于细菌以单细胞形式存在,彼此之间没有信息交流和协作分工。但近年来大量研究证据表明,为适应复杂多变的环境,细菌也可以通过细胞内或细胞间的信息交流来协调群体的行为,使其能与多细胞生物一样,行使单个细胞无法完成的功能。20 世纪 70 年代,研究人员在一种海洋发光细菌 *Vibrio fischeri* 中首次发现并描述了群体感应(quorum sensing,QS)现象[32,33]。目前认为群体感应能调控细菌的多种活动:如生物发光、群游性、质粒转移等。群体感应系统是由一定的自体诱导分子和感应分子以及下游调控蛋白组成。自体诱导剂(autoinducer,AI),也称信息素(pheromon),是大多数细菌为交流和协调群体行为而分泌的化学信号分子。群体感应是细菌和细胞之间的信号传递机制,是细菌对信号传递分子即激素样有机化合物——自诱导剂 AI 的应答过程,呈剂量依赖模式。AI 值越大,群体感应越强烈。

3.2.3　基于方向引导的群感应机制

E.coli 的运动依靠其表面上的鞭毛每秒 100～200 圈的转动而实现[34]。当鞭毛逆时针摆动时,会给 E.coli 一个推动力,从而使其按照原来的运动方向向前直行即游动(swim),如图 3.1(a)所示;与之相反,当鞭毛顺时针摆动时,将会向细菌施加一个拉动的力量,使细胞产生翻转(tumble),如图 3.1(b)所示,从而改变其运动方向。大肠杆菌的整个生命周期就是在游动和翻转这两种基本运动形式之间进行变换(鞭毛几乎不会停止摆动),游动和翻转的目的是寻找食物并避开有毒物质。

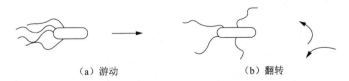

（a）游动　　　　　　　　　　　　（b）翻转

图 3.1　细菌的趋化行为

　　标准菌群算法中，细菌个体在趋化过程中，翻转方向 $\Delta(i)$ 为随机搜索方向。这使得细菌在环境差的区域（如有毒区域）会较频繁地翻转，在环境好的区域（如食物丰富的区域）才会较多地游动。E.coli 的趋化过程可以抽象如图 3.2 所示。随机方向的翻转运动虽然增加了种群多样性，拓展了搜索范围，但在求解相对复杂的优化问题时，延缓了个体寻优速度，且寻优性能也不能达到基本的精度和稳定性要求。

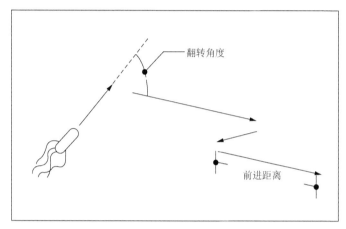

图 3.2　E.coli 个体的觅食过程

　　在基于方向引导的菌群算法中，群体感应现象的存在会使得细菌的翻转方向 $\Delta(i)$ 不再是随机的，而是会受到细菌之间传递的 AI 信号影响。细菌在觅食过程中，每个个体都会通过自身的感应分子感应到其他细菌传来的 AI 信号。个体在翻转前，首先会检测周围哪个方向的 AI 浓度最高，浓度最高的方向被确定为当前最优方向，然后沿最优方向翻转并前进，前进几次后又开始下一轮最优浓度方向检测。为简化算法计算，本书只考虑当前种群中最优个体分泌的 AI 信号对其他个体的翻转方向的影响。影响程度为两个体 AI 间的差，且差值不随两个体间的距离衰减，如式（3.1）所示。在 D 维搜索空间中，第 i 个细菌分泌的自体诱导分子为 $\mathrm{AI}^i=[\mathrm{AI}^i_1,\mathrm{AI}^i_2,\cdots,\mathrm{AI}^i_D]$，$i=1,2,\cdots,S$；$P(j,k,l)=\{\theta^i(j,k,l)\}=\mathrm{AI}(j,k,l)$。

$$\begin{cases} \theta^i(j+1,k,l)=\theta^i(j,k,l)+C(i)\phi^i(j) \\ \phi^i(j)=\Delta^i(j)\Big/\sqrt{\Delta^{i\mathrm{T}}(j)\Delta^i(j)} \\ \Delta^i(j)=w\Delta^i(j)+c_1 r(\mathrm{AI}^g(j,k,l)-\mathrm{AI}^i(j,k,l)) \end{cases} \quad (3.1)$$

式中，$\phi^i(j)$ 表示个体 i 在第 j 次趋化中的翻转角度，是 $\Delta^i(j)$ 的标准化函数；$C(i)$

表示个体 i 移动的步长；AI^g 是指当前群内最优个体第 j 次趋化的适应值；AI^i 是指个体 i 第 j 次趋化的适应值；c_1 是个体 i 的受益因子；r 是 $[0,1]$ 的随机数；w 是线性权重。

3.2.4　基于最优方向引导算法实现步骤

BF-PSO 算法的基本实现步骤如下。

步骤 1：初始化。

（1）初始化。算法中涉及的所有参数，包括细菌种群规模 S，个体 i 在解空间的位置 X^i，迭代次数 T_{max}，个体趋化、复制和迁徙操作的执行次数 N_c、N_{re} 及 N_{ed}，趋化步长 C，每次迭代个体在营养梯度上游动的最大次数 N_s，迁徙概率 P_{ed}，学习因子 c_1，惯性权重 w。

（2）记录初始位置为每个个体的当前最好位置 p_i，从个体极值找出全局极值，记录该最好值的个体序号 g 及其位置 p_g。

步骤 2：趋化。

（1）翻转。根据式（3.1）确定个体下一步要翻转的角度，并沿此方向移动，计算个体适应值。

（2）前进。根据确定的翻转方向，对每一个细菌执行一个趋化步长的游动操作，计算个体的适应值，如果好于该个体上一代的适应值，个体将在该方向继续直行。

（3）更新个体状态。根据适应度函数计算个体的适应值，如果好于该个体当前的个体极值，则将 p_i 设置为该粒子的位置，且更新该个体极值。如果该个体的个体极值好于当前的全局极值，则将 p_g 设置为该粒子的位置，更新全局极值及其序号 g。

步骤 3：繁殖。将细菌群体根据适应值进行升序排序，对排在前 $S/2$ 的个体执行复制操作，同时淘汰排在后 $S/2$ 的个体。

步骤 4：迁徙。个体以一定的概率随机在搜索空间初始化。

步骤 5：检验是否符合结束条件。如果当前的迭代次数达到了预先设定的最大次数 T_{max}，或最终结果小于预定收敛精度 ξ 要求，则停止迭代，输出最优解，否则转到步骤 2。

BF-PSO 算法流程图和个体趋化过程流程图如图 3.3 所示。

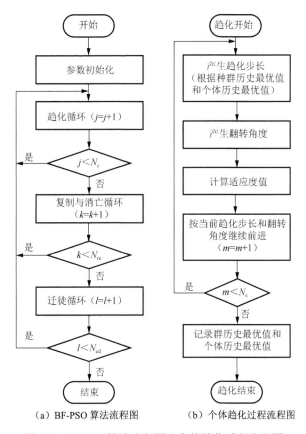

（a）BF-PSO 算法流程图　　（b）个体趋化过程流程图

图 3.3　BF-PSO 算法流程图和个体趋化过程流程图

3.3　实验研究及讨论

为测试 BF-PSO 算法性能，本节选择常用的 23 个单目标无约束优化标准测试函数进行实验，包括 7 个单峰函数、6 个多峰多极值函数和 10 个多峰少极值函数。这三类函数分别用于测试算法三类不同的优化性能。

3.3.1　单目标无约束测试函数

单目标环境是指在一定的觅食时间、觅食区域等条件下，最优食物源只有一个的食物资源模型。在这种环境中，个体觅食的决策目标只有一个，最先找到这个地点的个体即为最优个体，如式（3.2）所示：

$$\min_{x \in S} / \max f(\boldsymbol{x}) = f_i(\boldsymbol{x}) \tag{3.2}$$

式中，$x=(x_1,\cdots,x_n)\subset R^n$ 为 n 维决策向量；$f(x)$ 为目标函数。决策变量 x_i 在区间 $[l_i,u_i]$ 中取值，$i=1,2,\cdots,n$，$S=\prod\limits_{i=1}^{n}[l_i,u_i]$ 表示搜索空间，$S=\Omega\in R^n$ 为可行集。如果存在 $x^*\in\Omega$，使得 $\forall x\in\Omega$，$f(x^*)\leqslant f(x)$，称 x^* 为优化问题（3.2）的全局最优解，$f^*=f(x^*)$ 为全局最优值。

其中，单目标函数又可分为单峰函数和多峰函数，如表 3.1 所示。单峰函数是指函数 $f(x)$ 在搜索空间上只有唯一的最大值点（或最小值点）C，而在这个极值 C 的两侧，函数都是单调增加或减少的。单目标单峰是较为简单的觅食环境，个体只需一直跟踪函数的单调特性就可以找到最优觅食地点。多峰函数是指函数 $f(x)$ 在搜索空间上同样只有唯一的最大值点（或最小值点）C，但在这个极值 C 的两侧，函数并不是单调增加或减少的，而是存在局部的极值。由于食物资源的分布存在局部极值，这些极值会使一些生存能力较弱的个体陷入其中。个体在这种环境中觅食，应具备较强的跳出局部极值点能力，才能寻找到最优觅食地点，因此单目标多峰是相对复杂的觅食环境。

表 3.1　单目标函数及其曲面图

单目标函数及其类型	目标函数曲面图
$f_1(x)=\sum\limits_{i=1}^{n}x_i^2$ （单峰函数）	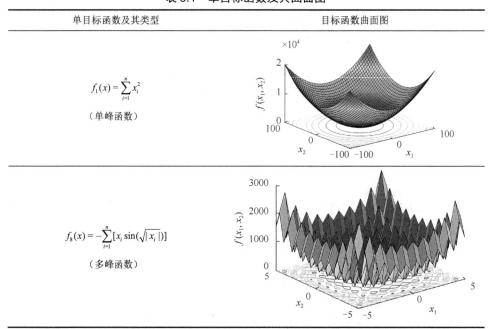
$f_8(x)=-\sum\limits_{i=1}^{n}[x_i\sin(\sqrt{\lvert x_i\rvert})]$ （多峰函数）	

表 3.2 列出了 7 个单峰无约束优化问题的目标函数、变量的搜索空间及理论上的最优状态和最优值。单峰函数只有一个全局最优解，较容易优化，因此算法寻优精度不是主要测试目标，而算法的收敛速度才是。

表 3.2　单峰函数

测试函数	n	SD	$f_{\min}$
$f_1(x) = \sum\limits_{i=1}^{n} x_i^2$	30	$[-100,100]^n$	$f_1(\vec{0}) = 0$
$f_2(x) = \sum\limits_{i=1}^{n} \lvert x_i \rvert + \prod\limits_{i=1}^{n} \lvert x_i \rvert$	30	$[-10,10]^n$	$f_2(\vec{0}) = 0$
$f_3(x) = \sum\limits_{i=1}^{n} \left(\sum\limits_{j=1}^{i} x_j \right)^2$	30	$[-100,100]^n$	$f_3(\vec{0}) = 0$
$f_4(x) = \max_i \{ \lvert x_i \rvert, 1 \leqslant i \leqslant n \}$	30	$[-100,100]^n$	$f_4(\vec{0}) = 0$
$f_5(x) = \sum\limits_{i=1}^{n-1} \left[100(x_{i+1} - x_i)^2 + (x_i - 1)^2 \right]$	30	$[-30,30]^n$	$f_5(\vec{0}) = 0$
$f_6(x) = \sum\limits_{i=1}^{n} (x_i + 0.5)^2$	30	$[-100,100]^n$	$f_6(\vec{0}) = 0$
$f_7(x) = \sum\limits_{i=1}^{n} i x_i^4 + \text{random}[0,1)$	30	$[-1.28,1.28]^n$	$f_7(\vec{0}) = 0$

表 3.3 列出了 6 个多峰多极值无约束优化问题的目标函数、变量的搜索空间及理论上的最优状态和最优值。多峰多极值函数同时存在多个特征相同的局部最优值，但全局最优值却只有一个，因此它主要用于测试算法寻优精确度及跳出局部最优能力。尤其是高维的多峰多极值函数，函数的局部极值会随着优化问题维数的增加而指数性增长，算法寻找最优解也会变得更加困难。

表 3.3　多峰多极值函数

测试函数	n	SD	$f_{\min}$
$f_8(x) = -\sum\limits_{i=1}^{n} \left[x_i \sin(\sqrt{\lvert x_i \rvert}) \right]$	30	$[-500,500]^n$	$f_8(\overrightarrow{420.9687})$ $= -12\,569.5$
$f_9(x) = \sum\limits_{i=1}^{n} \left[x_i^2 - 10\cos(2\pi x_i) + 10 \right]^2$	30	$[-5.12,5.12]^n$	$f_9(\vec{0}) = 0$
$f_{10}(x) = -20\exp\left(-0.2\sqrt{\dfrac{1}{n}\sum\limits_{i=1}^{n} x_i^2} \right)$ $-\exp\left(\dfrac{1}{n}\sum\limits_{i=1}^{n} \cos 2\pi x_i \right) + 20 + \text{e}$	30	$[-32,32]^n$	$f_{10}(\vec{0}) = 0$
$f_{11}(x) = \dfrac{1}{4000}\sum\limits_{i=1}^{30} (x_i - 100)^2 - \prod\limits_{i=1}^{n} \cos\left(\dfrac{x_i - 100}{\sqrt{i}} \right) + 1$	30	$[-600,600]^n$	$f_{11}(\vec{0}) = 0$
$f_{12}(x) = \dfrac{\pi}{n} \{ 10\sin^2(\pi y_1) + \sum\limits_{i=1}^{n-1} (y_i - 1)^2$ $\times [1 + 10\sin^2(\pi y_{i+1})] + (y_n - 1)^2 \} + \sum\limits_{i=1}^{30} u(x_i, 10, 100, 4)$	30	$[-50,50]^n$	$f_{12}(\vec{1}) = 0$

测试函数	n	SD	$f_{\min}$
$f_{13}(x) = 0.1\{\sin^2(\pi 3x_1)$ $\quad + \sum_{i=1}^{29}(x_i-1)^2 p[1+\sin^2(3\pi x_{i+1})]$ $\quad + (x_n-1)^2[1+\sin^2(2\pi x_{30})]\}$ $\quad + \sum_{i=1}^{30}u(x_i,5,100,4)$	30	$[-50,50]^n$	$f_{13}(\vec{1})=0$

表 3.4 列出了 10 个多峰少极值无约束优化问题的目标函数、变量的搜索空间及理论上的最优状态和最优值。在多峰少极值函数中，每个函数都具有不同的函数特征，且每个函数同时存在少量的局部最优值，但全局最优值也只有一个，此类函数主要用于测试算法对不同环境的适应能力。

表 3.4　多峰少极值函数

测试函数	n	SD	$f_{\min}$
$f_{14}(x) = \left[\dfrac{1}{500} + \sum_{j=1}^{25}\dfrac{1}{j+\sum_{j=1}^{2}(x_i-a_{ij})^6}\right]^{-1}$	2	$[-65.536,$ $65.536]^n$	$f_{14}(-32,32)=0$
$f_{15}(x) = \sum_{i=1}^{11}\left[a_i - \dfrac{x_1(b_i^2+b_ix_2)}{b_i^2+b_ix_3+x_4}\right]^2$	4	$[-5,5]^n$	$f_{15}(0.1928,0.1908,$ $0.1231,0.1358)$ $=0.0003075$
$f_{16}(x) = 4x_1^2 - 2.1x_1^4 + \dfrac{1}{3}x_1^6$ $\quad + x_1x_2 - 4x_2^2 + 4x_2^4$	2	$[-5,5]^n$	$f_{16}(-0.08983,0.7126)$ $=(0.08983,-0.7126)$ $=-1.0316$
$f_{17}(x) = \left(x_2 - \dfrac{5.1}{4\pi^2}x_1^2 + \dfrac{5}{\pi}x_1 - 6\right)^2$ $\quad + 10\left(1-\dfrac{1}{8\pi}\right)\cos x_1 + 10$	2	$[-5,10]$ $\times[0,15]$	$f_{17}(-3.142,2.275)$ $=(3.142,2.275)$ $=(9.425,2.425)$ $=0.398$
$f_{18}(x) = [1+(x_1+x_2+1)^2(19-14x_1$ $\quad +3x_1^2-14x_2+6x_1x+3x_2^2)]$ $\quad \times[30+(2x_1+1-3x_2)^2(18-32x_1$ $\quad +12x_1^2+48x_2-36x_1x_2+27x]$	2	$[-2,2]^n$	$f_{18}(0,-1)=3$
$f_{19}(x) = -\sum_{i=1}^{4}\exp\left[-\sum_{j=1}^{3}a_{ij}(x_j-p_{ij})^2\right]$	3	$[0,1]^n$	$f_{19}(0.114,0.556,$ $0.852)=-3.86$
$f_{20}(x) = -\sum_{i=1}^{4}\exp\left[-\sum_{j=1}^{6}a_{ij}(x_j-p_{ij})^2\right]$	6	$[0,1]^n$	$f_{20}(0.201,0.15,$ $0.477,0.275,$ $0.311,0.657)$ $=-3.32$

续表

测试函数	n	SD	f_{min}
$f_{21}(x) = -\sum\limits_{i=1}^{5}\left[(x_i-a_i)(x_i-a_i)^{\mathrm{T}}+c_i\right]^{-1}$	4	$[0,10]^n$	$f_{21}(\bar{0})=-10$
$f_{22}(x) = -\sum\limits_{i=1}^{7}\left[(x_i-a_i)(x_i-a_i)^{\mathrm{T}}+c_i\right]^{-1}$	4	$[0,10]^n$	$f_{22}(\bar{0})=-10$
$f_{23}(x) = -\sum\limits_{i=1}^{10}\left[(x_i-a_i)(x_i-a_i)^{\mathrm{T}}+c_i\right]^{-1}$	4	$[0,10]^n$	$f_{23}(\bar{0})=-10$

f_{19}:

i	a_{ij} , $j=1,\cdots,6$						c_i
1	10	3	17	3.5	1.7	8	1
2	0.05	10	17	0.1	8	14	1.2
3	3	3.5	1.7	10	17	8	3
4	17	8	0.05	10	0.1	14	3.2

i	p_{ij} , $j=1,\cdots,6$					
1	0.1312	0.1696	0.5569	0.0124	0.8283	0.5886
2	0.2329	0.4135	0.8307	0.3736	0.1004	0.9991
3	0.2348	0.1415	0.3522	0.2883	0.3047	0.6650
4	0.4047	0.8828	0.8732	0.5743	0.1091	0.0381

f_{20}:

i	a_{ij} , $j=1,2,3$			c_i	p_{ij} , $j=1,2,3$		
1	3	10	30	1	0.3689	0.1170	0.2673
2	0.1	10	35	1.2	0.4699	0.4387	0.7470
3	3	10	30	3	0.1091	0.8732	0.5547
4	0.1	10	35	3.2	0.03815	0.5743	0.8828

$f_{21}\sim f_{23}$:

i	1	2	3	4	5	6	7	8	9	10
a_{ij} , $j=1,\cdots,4$	4.0	1.0	8.0	6.0	3.0	2.0	5.0	8.0	6.0	7.0
	4.0	1.0	8.0	6.0	7.0	9.0	5.0	1.0	2.0	3.6
	4.0	1.0	8.0	6.0	3.0	2.0	3.0	8.0	6.0	7.0
	4.0	1.0	8.0	6.0	7.0	9.0	3.0	1.0	2.0	3.6
c_i	0.1	0.2	0.2	0.4	0.4	0.6	0.3	0.7	0.5	0.5

3.3.2　实验研究及讨论

BF-PSO 算法和 BFOA 实验参数设置如下：

（1）算法共运行 30 次，每次运行最大迭代次数 $T_{\max} = 300$ ；

（2）群体规模 $S = 50$ ；

（3）个体趋化、复制和迁徙操作的执行次数 $N_c = 50$ ， $N_{re} = 2$ 及 $N_{ed} = 1$ ；

（4）趋化过程中个体游动的步长单位 $C = 0.1$ ，最多步长数 $N_s = 4$ ；

（5）迁徙概率 $P_{ed} = 0.25$ ；

（6）学习因子 $c_1 = 2$ ，惯性权重 w 从 0.9 线性递减到 0.4。

BF-PSO 算法和 BFOA 对 23 个测试问题的求解结果见表 3.5。

表 3.5　BF-PSO 算法与 BFOA 结果比较

测试问题	最优解	BFOA	BF-PSO 算法
1	0	2.1941	8.6957×10^{-3}
2	0	6.3310	2.8916×10^{-1}
3	0	5.3897	7.7696×10^{-2}
4	0	1.7969	4.9853×10^{-3}
5	0	1.1445×10^{2}	2.7443×10^{1}
6	0	1.4309×10^{4}	0
7	0	5.9324	2.0226×10^{-1}
8	−12 569.5	−7534.6383	−7176.8120
9	0	9.3829×10^{2}	6.2682×10^{-1}
10	0	1.9880×10^{1}	8.4376×10^{-2}
11	0	4.5143×10^{2}	4.3437×10^{-2}
12	0	1.3368×10^{2}	1.8109
13	0	2.6661	2.2012×10^{-1}
14	0	1.3293	9.9800×10^{-1}
15	3.0750×10^{-4}	1.2521×10^{-1}	9.5240×10^{-4}
16	−1.0316	−1.0026	−1.0134
17	0.3980	0.4165	0.4227
18	3.0000	7.2470	4.0948
19	−3.8600	−3.5766	−3.6383
20	−3.3200	−2.4263	−3.2726
21	−10.0000	−5.7516	−4.9024
22	−10.0000	−7.5415	−4.9549
23	−10.0000	−7.6640	−5.0343

（1）连续单峰函数 $f_1 \sim f_7$。从表 3.5 得知，对于这 7 个函数，BF-PSO 算法优化结果都优于 BFOA。从图 3.4 所示的两个函数的优化过程收敛曲线可以看出，BFOA 迭代初期，菌群的复制机制使得算法能够迅速收敛，但随着迭代的进行，细菌在觅食过程中，随机翻转角度使得细菌随意游动，整个菌群处于无序状态，所以无法找到最优解。在 BF-PSO 中，菌群中的成员在翻转过程中，其翻转角度受当前最优个体引导，因此具有较好的优化效果，包括求解精度以及收敛速度。

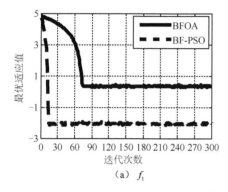
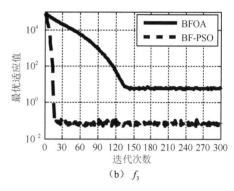

（a）f_1　　　　　　　　　　（b）f_3

图 3.4　函数 f_1 和 f_3 的收敛曲线

（2）连续多峰多极值函数 $f_8 \sim f_{13}$。此类函数具有多个极值点，但最优极值点只有一个。解决此类问题的算法应具备较好的跳出局部最优能力。从表 3.5 可以看出，对于这 6 个函数，BF-PSO 算法优化结果大部分优于 BFOA。函数 f_9 和 f_{11} 都具有很多凸起的局部极小点，但在 $x_i = 0$ 时达到全局极小点，最优极值为 0。如图 3.5 所示，虽然 BFOA 的细菌个体随机翻转角度机制为种群跳出局部最优值提供了良好的解决方法，但这种机制同时也使得群体在多个局部极值点之间来回跳跃，无法找到全局最优点，因此进化曲线趋于平滑。而具有最优方向引导的翻转行为使得菌群个体能够从一个极值点跳到更好的极值点，进而搜索到全局最优解。

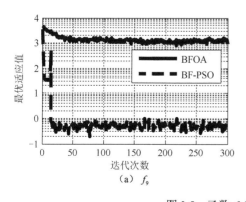
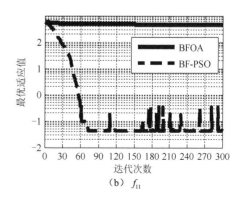

（a）f_9　　　　　　　　　　（b）f_{11}

图 3.5　函数 f_9 和 f_{11} 的收敛曲线

（3）连续多峰少极值函数 $f_{14} \sim f_{23}$。从表 3.5 可看出，对于函数 $f_{14} \sim f_{20}$，最优解寻优性能 BF-PSO>BFOA；但对于函数 $f_{21} \sim f_{23}$，最优解寻优性能 BFOA >BF-PSO。图 3.6 及图 3.7 分别列出了函数 f_{18} 和 f_{22} 的优化曲面及两个算法的收敛曲线。函数 f_{18} 共有 1 个全局极值点和 3 个局部极值点，但这是一个曲线分布相对较平坦的函数，因此利用最优方向引导的算法能够相对容易地沿着最优方向找到最优值。函数 f_{22} 共有 6 个局部极值点和 1 个全局极值点，且全局极值点位于一个狭长洞底部，不容易被找到。由于 BF-PSO 算法在寻优过程中，个体翻转具有方向引导性，如果当前种群的极值为局部最优值，则个体移动都朝着这个局部最优值前进，因此不容易找到全局最优解。而 BFOA 在寻优过程中，每个细菌个体都在其周围邻域随机翻转，相比 BF-PSO 算法，BFOA 更容易找到较好的解。

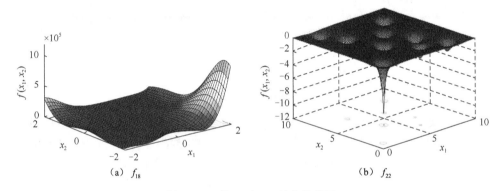

图 3.6　函数 f_{18} 和 f_{22} 的优化曲面

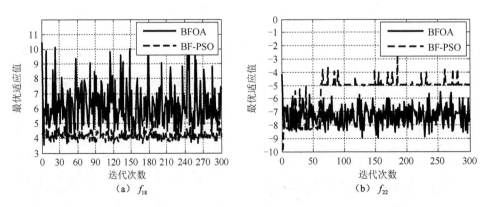

图 3.7　函数 f_{18} 和 f_{22} 的收敛曲线

上述讨论表明：相对于标准的菌群算法 BFOA，具有群体觅食社会性和智能性的改进算法 BF-PSO 在连续无约束优化问题上表现出了更好的寻优性能。

参 考 文 献

[1] Tamplin M L. Inactivation of escherichia coli O157:H7 in simulated human gastric fluid. Applied and Environmetal Microbiology, 2005, 71(1): 320-325.

[2] Bollinger C J T, Bailey J E, Kallio P T. Novel hemoglobins to enhance microaerobic growth and substrate utilization in escherichia coli. Biotechnology Progress, 2001, 17(5): 798-808.

[3] Bremermann H J. Chemotaxis and optimization. Journal of the Franklin Institute, 1974, 297(5): 397-404.

[4] Bremermann H J, Anderson R W. An alternative to back propagation: a simple for synaptic modification for neural net training and memory. Internal Report, University of California Berkeley, 1989.

[5] Shum L, Wokoma I, Adebutu T, et al. Distributed algorithm implementation and interaction in wireless sensor netnorks. In the Proceedings of the Second Workshop on Sensor and Actor Network Protocols, 2004: 1-11.

[6] Dhariwal A, Sukhatme G S, Requicha A A G. Bacterium-inspired robots for environmental monitoring. In the Proceedings of the IEEE International Conference on Robotics and Automation, New Orleans, L A, USA, 2004: 1436-1443.

[7] Passino K M. Biomimicry of bacterial foraging for distributed optimization and control. IEEE Control System Magazine, 2002, (6): 52-67.

[8] Das S, Biswas A, Dasgupta S, et al. Bacterial foraging optimization algorithm: theoretical foundations, analysis and applications. Foundations of Computational Intelligence, 2009, 3: 23-55.

[9] Mishra S. A Hybrid least square-fuzzy bacterial foraging dtrategy for harmonic estimation. IEEE Transations on Evolutionary Computation, 2005, 9(1): 61-73.

[10] DattaT, Misra I S, Mangaraj B B, et al. Improved adaptive bacteria foraging algorithm in optimization of antenna array for faster convergence. Progress in Electromagnetics Research C, 2008, 1: 143-157.

[11] Chen H N, Zhu Y L, Hu K Y. Self-adaptation in bacterial foraging optimization algorithm. In the Proceedings of the 3rd International Conference on Intelligent System and Knowledge Engineering, Xiamen, China, 2008: 1026-1031.

[12] Biswas A, Dasgupta S, Das S, et al. Synergy of PSO and bacterial foraging optimization: a comparative study on numerical benchmarks. Innovations in Hybrid Intelligent Systems, 2007, 44: 255-263.

[13] Tang W J, Wu Q H, Saunders J R. A bacterial swarming algorithm for global optimization. In the Proceedings of the IEEE Congress on Evolutionary Computation, Singapore, 2007: 1207-1212.

[14] Chu Y, Mi H, Liao H, et al. A fast bacterial swarming algorithm for high-dimensional function optimization. In the Proceedings of the IEEE Congress on Evolutionary Computation, Hong Kong, China, 2008: 3135-3140.

[15] Bakwad K M, Pattnaik S S, Sohi B S, et al. Hybrid bacterial foraging with parameter free PSO. In the Proceedings of the World Congress on Nature & Biologically Inspired Computing, Coimbatore, India, 2009: 1077-1081.

[16] Kim D H, Abraham A, Cho J H. A hybrid genetic algorithm and bacterial foraging approach for global optimization. Information Sciences, 2007, 177(18): 3918-3937.

[17] Biswas A, Dasgupta S, Das S, et al. A synergy of differential evolution and bacterial foraging algorithm for global optimization. Neural Network World, 2007, 17(6): 607-626.

[18] Tang W J, Wu Q H, Saunders J R. A novel model for bacterial foraging in varying environments. In the Proceedings of the Conference on Computational Science and Its Applications, 2006: 556-565.

[19] Li M S, Tang W J, Tang W H, et al. Bacterial foraging algorithm with varying population for optimal power flow. Applications of Evolutionary Computing Evol. Workshops, 2007: 32-41.

[20] Tripathy M, Mishra S. Bacteria foraging-based solution to optimize both real power loss and voltage stability limit. IEEE Transactions on Power Systems, 2007, 22(1): 240-248.

[21] Tripathy M, Mishra S, Lai L L, et al. Transmission loss reduction based on FACTS and bacteria foraging algorithm. In the Proceedings of the 9th International Conference on Parallel Problem Solving from Nature, 2006: 222-231.

[22] Mishra S, Bhende C N. Bacterial foraging technique-based optimized active power filter for load compensation. IEEE Transactions on Power Delivery, 2007, 22(1): 457-465.

[23] Mishra S. Hybrid least-square adaptive bacterial foraging strategy for harmonic estimation. IEEE Proceedings-Generation, Transmission and Distribution, 2005, 152(3): 379-389.

[24] Kim D H, Cho J H. Adaptive tuning of PID controller for multivariable system using bacterial foraging based optimization. In the Proceedings of the Advances in Web Intelligence Third International Atlantic Web Intelligence Conference, Lodz, Poland, 2005: 231-235.

[25] Acharya D P, Panda G, Mishra S, et al. Bacteria foraging based independent component analysis. In the Proceedings of the International Conference on Computational Intelligence and Multimedia Applications, Washington DC, 2007: 527-531.

[26] Dasgupta S, Biswas A, Das S, et al. Automatic circle detection on images with an adaptive bacterial foraging algorithm. In the Proceedings of the Genetic and Evolutionary Computation Conference, Atlanta, G A, USA, 2008: 1695-1696.

[27] Chen H, Zhu Y, Hu K. Multi-colony bacteria foraging optimization with cell-to-cell communication for RFID network planning. Applied Soft Computing, 2010, 10: 539-547.

[28] Ulagammai M, Vankatesh P, Kannan P S, et al. Application of bacteria foraging technique trained and artificial and wavelet neural networks in load forecasting. Neurocomputing, 2007, 70(16/18): 2659-2667.

[29] Kim D H, Cho C H. Bacterial foraging based neural network fuzzy learning. In the Proceedings of the 5th Indian International Conference on Artificial Intelligence, Pune, India, 2005: 2030-2036.

[30] Chatterjee A, Matsuno F. Bacteria foraging techniques for solving EKF-based SLAM problems. In the Proceedings of the International Control Conference, Glasgow, U K, 2006.

[31] 梁艳春, 吴春国, 时小虎. 群智能优化算法理论与应用. 北京: 科学出版社, 2009.

[32] Nealson K H, Platt T, Hastings J W. Cellular control of the synthesis and activity of the bacterial luminescent system. Bacteriology, 1970, 104: 313-322.

[33] Novick R P, Geisinger E. Quorum sensing in staphylococci. Annual Review of Genetics, 2008, 42: 541-564.

[34] Marykwas D L, Berg H C. A mutational analysis of the interaction between FliG and FliM, two components of the flagellar motor of escherichia coli. Bacteriology, 1996, (178): 1289-1294.

第 4 章　生命周期群搜索算法

4.1　算法生物学基础

4.1.1　生命周期理论

自然界中所有的生命都是通过"循环接力"模式进化的，这是一种生死交替循环模式。当原来的生命结束后，会有新的生命体产生，这个过程反复进行，使得地球上的生命生生不息，并且发展得越来越完美，生命就是在这种周而复始的循环模式中不断延续。自然界中的生物，从硅藻、团藻、地衣、苔藓、蕨类，到植物、动物以及人类，不论何种生物都要按照"生死交替"的模式进行[1]。在这种模式下，有些生物的一生要经过几十年，而有些生物的一生只在很短的时间里度过。不同生物在生长过程中的形态、变化、繁殖方式各不相同，寿命的长短也不相同。但不论寿命时间的长短，它们都有相似的生命周期特征。生物生命周期"循环接力"模式的进化行为不是一种简单的重复，而是不断地改进、积累、完善，是生命达成它们终极目的的最优化方式。

1. 生命特征 1：出生

在生命发展进程中，每个生命的存在都是有意义的。个体的作用看起来微不足道，但众多微小生命的存在却决定着生命的演化过程。生命的存在并不是孤立的，自生命出现的那一天起，它就具有求生存、求发展的内在需求，无法以孤立的个体形式长期存在，而是要与其他个体共同生活在一定的区域内，如幼鸟需要成年鸟喂食，成年动物需要进行交配来繁殖后代等。因此，种群是生命的具体存在单位。生物也只有形成一个群体才能繁衍后代，并使物种得以延续。

对于生物生命周期的第一阶段，基于生物生命周期的群搜索算法考虑的不是生命个体是如何出生的、出生后的大小及出生的时间等，而是个体分布在种群空间中的位置，即种群的空间结构。生物种群中的个体分布在其生活空间中的位置状态一般可概括为三种基本类型：均匀分布、随机分布和集群分布（图 4.1）。

均匀分布（regular distribution）指种群的个体是等距分布，或个体间保持一定的、均匀的间距，如图 4.1（a）所示。

随机分布（random distribution）指每一个个体在种群分布领域中各个点出现

的机会是相等的，并且某一个体的存在不影响其他个体的分布，如图 4.1（b）所示。

　　集群分布（clumped distribution）指种群个体的分布很不均匀，常成群、成簇、成块或成斑块地密集分布，群内个体的密度等都不相等，如图 4.1（c）所示。

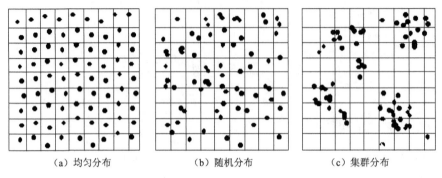

　　（a）均匀分布　　　　　　　（b）随机分布　　　　　　（c）集群分布

图 4.1　种群空间结构

　　实际上，随机分布和均匀分布比较少见。其形成原因如下：①环境资源分布不均匀，丰富与贫乏镶嵌；②植物传播种子的方式使其以母株为扩散中心；③动物的社会行为使其结合成群。集群分布是最广泛存在的一种分布格局，在大多数自然情况下，种群个体常是成群分布，如放牧中的羊群分布、培养基上微生物菌落的分布，另外，人类的分布也符合这一特性。

　　基于生物启发的智能优化算法在进行优化求解时，解对应生物种群中的个体，解的分布情况代表种群个体的分布情况。从目前来看，这些智能优化算法产生的初始解一般都是随机分布的，即种群个体分布为随机分布。这种方式不符合自然界种群个体的分布方式，因此在进行实际寻优过程中，也无法真实地表现算法实际性能。作者在查阅大量文献后得知，种群个体集群分布大多服从正态分布，如图 4.2 所示，满足正态分布的个体分布情况如图 4.3 所示。

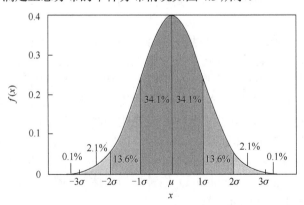

图 4.2　正态分布

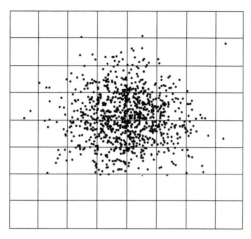

图 4.3　正态分布种群

正态分布函数描述如下：

$$f(x)=\frac{1}{\sqrt{2\pi}\sigma}e^{\frac{(x-\mu)^2}{2\sigma^2}},\quad -\infty<x<+\infty \tag{4.1}$$

式中，μ 为平均数；σ 为标准差。不同的 μ 和 σ 对应不同的正态分布。正态曲线呈钟形，两头低，中间高，左右对称，曲线与横轴间的面积总和等于 1。服从正态分布的变量的频数分布由 μ、σ 完全决定。

（1）μ 是正态分布的位置参数，描述正态分布的集中趋势位置。正态分布以 $x=\mu$ 为对称轴，左右完全对称。正态分布的均数、中位数、众数相同，均等于 μ。

（2）σ 描述正态分布资料数据分布的离散程度：σ 越大，数据分布越分散；σ 越小，数据分布越集中。σ 也称为正态分布的形状参数：σ 越大，曲线越扁平；反之，σ 越小，曲线越瘦高。

2. 生命特征 2：生长发育

生物自出生的时刻开始就有了生存的需要，为此，它需要不断获取氧气、水分、食物、阳光等营养资源。这种搜寻和采集食物的活动称为觅食。生物在其生长发育过程中，只有不断觅食，才能保证其不断成长。生物的觅食方式多种多样。在觅食过程中，觅食策略的选择至关重要。一个好的觅食策略可以使觅食者在最短的时间内获取最多的食物，从而使它拥有足够的营养资源生存下来或繁殖下一代。反之，如果一个觅食者在不断寻找食物的过程中，连续选择失败的觅食策略，没有汲取足够的营养资源，与此同时还消耗了自己的能量，那么它就会逐渐被自然选择所淘汰。

生物本身就有强烈的生存直觉，这种直觉会指引个体如何去觅食[2]。有些生物会通过不断在其生存的地域范围内移动来寻找猎物，这种方式称为"巡航"（cruise）。有些生物会停留在目前的地点不动，静静等待猎物进入它的视线，这种方式称为"埋伏"（ambush）。实际上，大多数捕食者的搜索策略都是介于"巡航"和"埋伏"两种方式之间。为了发现更好的资源地，生存直觉会直接指引觅食者到达更优的生存地点，有时候这种直觉会指引个体移动距离短一些，有时候这种直觉会指引个体连续移动很长距离，这种方式称为"跳跃"（saltatory）。三种觅食方式如图 4.4 所示。实际上，生物觅食的策略是多种多样的，但从社会性来看，总体可分为两类：非社会性觅食和社会性觅食。群内成员在某一时刻只能选择其中一种觅食方式。

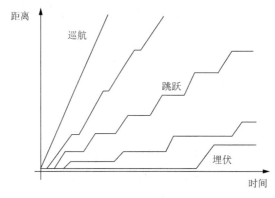

图 4.4　动物觅食方式

（1）非社会性觅食：觅食者在觅食过程中，依据自身能量并按照自己的觅食方式进行觅食，无需群内其他成员的帮助。

（2）社会性觅食：觅食者在觅食过程中，选择下一时刻的觅食地点时同时参照个体当前觅食状况和群内其他个体的当前觅食情况结果。例如，一群生活在一起的麻雀组成了一个社会小群体，当群体中的成员 A 知道成员 B 已发现最优觅食地点，它会跟随成员 B 的行为路线觅食。

3. 生命特征 3：繁殖

在生物生命周期中，当个体成熟以后，两个个体会通过交配重组，形成新的染色体，从而产生出新的个体，使物种得以延续。繁殖是生物生命周期中的一个重要环节。本章模仿这个环节，在算法中使用交叉算子来产生新的个体，交叉算子用双亲基因生成新染色体，体现两性繁殖生物进化原理。

4. 生命特征 4：死亡

死亡是生物的固有生命特征，每个生物都会由于某种原因而死亡。种群中的个体在不断地进行一代又一代的生命迭代，生物的过度繁殖和资源的有限性势必造成生存斗争，具有强大生命力的个体的生存机会较大，而其他生命力弱的个体就会被逐渐淘汰直至死亡。对应这个生命特征，本章算法定义了选择算子，其目的是为了从当前种群中淘汰生命力较弱的个体，保留生命力强的个体，使其能以较大的概率被保留到下一代。

4.1.2　混沌理论

研究人员在研究简化的大气动力学方程时发现混沌现象后，混沌理论已经成为一个新的研究热点。混沌是一种普遍存在的非线性现象，其行为复杂且类似随机，但存在内在的规律性。在现代的物质世界中，混沌现象无处不在，大至宇宙，小至基本粒子，大多数都受混沌理论的支配。混沌的发现对科学技术的发展正在或已经产生空前深远的影响。其主要特征表现为以下六点。

（1）随机性，即它的表现同随机变量一样杂乱。

（2）遍历性，即混沌能够不重复地历经一定范围内的所有状态，在有限时间内混沌轨道经过混沌区内每一个状态点。

（3）规律性，其变量是由确定的迭代方程导出的。

（4）有界性。混沌是有界的，它的运动轨线始终局限于一个确定的混沌吸引域，即无论混沌系统内部多么不稳定，它的轨线都不会超越混沌吸引域。

（5）敏感性，即初值的微小变化，在经历一段时间后会引起输出的巨大变化。

（6）普适性，是指不同系统在趋向混沌态时所表现出来的某些共同特征，它不因具体的系统方程或参数而改变。

混沌是非线性动力学系统中特有的一种运动形式[3]，而生物体正是这样的高度非线性系统，所以生物系统多方面呈现混沌状态。在某一时刻，群体内肯定存在一个当前的最优觅食者。首先可以确定的是，这个最优觅食者由于没有更好的觅食参照信息，它下一步要采取的觅食策略肯定不是社会性觅食，而是非社会性觅食。而且，由于最优觅食者在当前时刻具有最大的能量，因此，其觅食策略应与群内其他非社会性觅食个体采取的觅食方式不一样。这种觅食方式可以不是简单的"巡航""埋伏"或"跳跃"，而是通过某种强有力的搜索方式可在全局范围内搜寻具有更多营养资源的地点。群体中最优个体在每次觅食过程中，它的决策过程表现为在一定区域内基于当前位置进行性态复杂的随机觅食地点的思考，然后从众多觅食方案中选择最优的一个[4,5]。如果此次决策没有找到更优的觅食方案，它会停留在原地重新选择。这种决策思考行为具有混沌特性，因此，本章算法中最优个体的觅食策略采用混沌搜索方法。

4.2　基于生物生命周期群搜索算法

4.2.1　算法描述

本节借鉴生物生命周期特征，提出生物生命周期群搜索（life-cycle swarm optimization，LSO）算法。在基于生物生命周期的群搜索算法中，群中每个个体的觅食位置都代表问题的一个解。个体向最优觅食地点移动的过程就是寻找问题最优解的过程。种群 Swarm 在 n 维搜索空间中，第 i 个个体在第 k 次迭代的位置向量记为 $\boldsymbol{X}_i^k$，其中 $\boldsymbol{X}_i^k \in R^n$，$\boldsymbol{X}_i^k = (x_1^k, x_2^k, \cdots, x_i^k)$，个体的适应值为 $f(\boldsymbol{X}_i^k)$。种群在第 k 次迭代的最优个体记为 X_p^k。

4.2.1.1　趋化算子

趋化算子指个体基于当前位置采取混沌搜索方式，试图在全局范围内找到比当前更优的位置并移动。群内最优个体执行趋化算子。

Logistic 方程是一个典型的混沌系统：

$$S_{n+1} = uS_n(1-S_n)，\quad n = 0,1,2,\cdots \tag{4.2}$$

式中，u 为控制参量。当 $u=4$，$0 \leqslant S_0 \leqslant 1$ 时，系统的动力学特征完全不同，系统的初始信息已全部丧失，处于混沌状态。由任意初值 $S_0 \in [0,1]$，可迭代出一个确定的混沌序列 $S_1, S_2, S_3, \cdots$。这个输出实际上相当于一个 $0 \sim 1$ 的随机输出。系统的输出在 $0 \sim 1$ 具有遍历性，且其中的任一状态不会重复出现。

群中最优个体觅食策略采用类似载波的方法将 Logistic 映射产生的混沌变量引入到优化变量中，同时将混沌运动的遍历范围转换到优化变量的定义域，然后利用混沌变量进行搜索。算法如下。

（1）当前优化变量记为 X_0，它的性能函数值为 $f(X_0)$。

（2）利用 Logistic 映射产生 n 个混沌变量 $(X_1, X_2, \cdots, X_n)$。

$$X_{i+1} = 4X_i(1-X_i)，\quad i = 0, 1, 2, \cdots, n-1 \tag{4.3}$$

（3）将混沌运动的遍历范围转换到优化变量的定义域。

$$X_i = B_{lo} + (B_{up} - B_{lo})X_i，\quad i = 1, 2, \cdots, n \tag{4.4}$$

式中，B_{up} 和 B_{lo} 是搜索空间的上限和下限。

（4）计算 n 个混沌变量的性能函数值 $(f(X_1), f(X_2), \cdots, f(X_n))$。

（5）如果存在 $f(X_i)$ 优于 $f(X_0)$，则 $X_0 \Leftarrow X_i$，$f(X_0) \Leftarrow f(X_i)$。

4.2.1.2　同化算子

同化算子是指群内采取社会觅食方式的个体的觅食路径被最优个体同化，追随群内最优个体进行搜索。

$$X_i^{k+1} = X_i^k + r_1(X_p^k - X_i^k) \qquad (4.5)$$

式中，$r_1 \in R^n$ 是在 $(0,1)$ 均匀分布的随机数。公式（4.5）表示在第 k 次迭代中第 i 个体的位置 X_i^k 追随群内当前最优个体 X_p^k 进行搜索。

4.2.1.3　换位算子

群内除最优个体外，采取独立觅食方式的个体其觅食执行方法采取换位算子，个体在其自身具备的能量范围内进行搜索。

$$\mathrm{ub}_i^k = \frac{X_p^k}{X_i^k} \cdot \Delta \qquad (4.6)$$

$$\mathrm{lb}_i^k = -\mathrm{ub}_i^k \qquad (4.7)$$

$$\varphi = r_2(\mathrm{ub}_i^k - \mathrm{lb}_i^k) + \mathrm{lb}_i^k \qquad (4.8)$$

$$X_i^{k+1} = X_i^k + \varphi \qquad (4.9)$$

式中，φ 是个体 X_i^k 的换位步长；$r_2 \in R^n$ 是在 $(0,1)$ 均匀分布的随机数；ub_i^k 和 lb_i^k 之间的范围是个体 i 在第 k 代搜索最大范围；Δ 是整个搜索空间范围。

4.2.1.4　交叉算子

本章算法采用单点交叉算子，如图 4.5 所示。随机设置种群中个体编码串的交叉点，将交叉对两个个体交叉点右面部分的基因互换，生成两个新个体。当染色体长为 L 时，可能有 $L-1$ 个交叉点设置，所以一点交叉可能实现 $L-1$ 个不同的交叉结果。群中交叉对按序选择，每一个奇行与它下一个偶行配对。如果种群规模是奇数，则最后一个染色体不参与交叉。

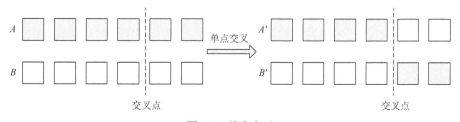

图 4.5　单点交叉

4.2.1.5　选择算子

1. 适应度值调整

应用遗传算法时,在进化的初期,通常会出现一些异常的个体,若直接执行选择策略,这些异常个体有可能在群体中占据很大的比例,这样可能导致未成熟收敛现象。这是因为,这些异常个体竞争力太突出,会控制选择过程,从而影响算法的全局优化性能。对于未成熟收敛现象,应设法降低某些异常个体的竞争力,因此应通过调整适应度函数值来实现。本章采用线性排序的方法对群中个体适应值进行调整,并对调整后的目标函数值进行降序排序。最小适应度个体被放置在排序的目标函数值列表的第一个位置,最适应个体放置在列表最后一个位置,每个个体的适应度值根据它在种群中的排序位置计算出来。

$$f^*(x_i) = 2 - \text{sp} + 2 \times (\text{sp} - 1) \times \frac{p(x_i) - 1}{S - 1} \tag{4.10}$$

式中, $f^*(x_i)(i = 1, 2, \cdots, S)$ 是调整后个体的适应度; S 是种群中个体的数量; sp 是选择压差, sp = 2 ; $p(x_i)$ 是个体 i 的适应度值 $f(x_i)$ 在种群中的排序位置。

2. 轮盘赌选择

本章采用轮盘赌选择策略执行个体选择操作。首先基于调整后的适应度计算群中所有个体的适应度总和 $F(x) = \sum_{i=1}^{S} f^*(x_i)$;然后计算每个个体被遗传到下一代群体中的选择概率 $s(x_i) = f(x_i) / F(x)$ 和累积概率 $c(x_i) = \sum_{j=1}^{i} s(x_i)$;最后在[0,1]区间内产生一个随机数 r ,将这个随机数依次与群众个体的累积概率进行比较,如果 $c(x_{i-1}) \leqslant r \leqslant c(x_i)$,则选择个体 i 。

4.2.1.6　变异算子

在生物生命周期中,个体在任何时候都有可能由于某种原因产生变异。这种变异是普遍存在的、随机发生的、频率很低的及不定向的变异,同时,它也是生物适应环境的结果。当变异对于一个物种有益,并让这个物种获得了更多的生存机会,而且还在后代中延续下去,就可称之为进化。因此,变异对于进化具有重要意义,没有变异,就没有进化。对应这个在生命周期中一直存在的生命特征,本章算法引入变异算子。

在本章算法中，变异算子执行方向变异策略。在 n 维搜索空间中，每个个体 $X_i \in R^n$，$X_i = (x_{i1}, x_{i1}, \cdots, x_{in})$ 的每一维 $j(j = 1, 2, \cdots, n)$ 代表它的一个移动方向，每一维的值 x_{ij} 则表示此个体在此方向上的移动步长。方向变异是指个体在其选定方向上的移动步长发生随机改变。

$$x_{ij} = \mathrm{rand}(1)(B_{\mathrm{up}} - B_{\mathrm{lo}}) + B_{\mathrm{lo}} \qquad (4.11)$$

4.2.2　算法实现步骤

LSO 算法实现步骤如下所示。

步骤 1：初始化。

（1）初始化算法中涉及的所有参数，包括种群规模 S，搜索空间上限、下限 B_{lo}、B_{up}，觅食方式选择概率 P_f，交叉概率 P_c，变异概率 P_m，最大迭代次数 T_{max}，收敛精度 ξ，混沌变量 S_c，正态分布平均数 μ，正态分布标准差 σ 等。

（2）产生群体规模为 S 并满足正态分布的初始群体，计算个体适应值。

（3）更新全局极值。将初始种群中的最优个体 p_g 设置为全局初始极值。

步骤 2：生长发育。

（1）群中最优个体执行混沌趋化操作。

（2）其他个体根据觅食方式选择概率选择执行同化操作或换位操作。

步骤 3：繁殖。将群中的个体进行两两顺序配对，执行单点交叉操作。

步骤 4：死亡。按适应值调整群中个体，并采用轮盘赌方法选择个体。

步骤 5：变异。群中的个体执行方向变异操作。

步骤 6：更新全局极值，并检验是否符合结束条件。

（1）计算当前群中所有个体适应度 $f(X)$，当前群中的最优个体设置为 X_g。

（2）如果当前的迭代次数达到了预先设定的最大次数，或最终结果小于预定收敛精度 ξ 要求，则停止迭代，输出最优解，否则转到步骤 2。

4.2.3　个体运动轨迹分析

本节采用典型的 Peak 多峰函数作为个体的营养分布函数来仿真个体运动轨迹。当 $t=0$ 时，Peak 函数表达式如式（4.12）所示，函数曲面图形如图 4.6 所示。此函数可产生一个凹凸有致的曲面，包含五个局部极大点及五个局部极小点，最优位置坐标为 $x = 15.016\,172\,940\,777\,9$，$y = 4.983\,681\,524\,647\,76$。

$$f(x,y) = 5e-0.1((x-15)^2 + (y-20)^2) - 2e-0.08((x-20)^2 + (y-15)^2)$$
$$+3e-0.08((x-25)^2 + (y-10)^2) + 2e-0.1((x-10)^2 + (y-10)^2)$$
$$-2e-0.5((x-5)^2 + (y-10)^2) - 4e-0.1((x-15)^2 + (y-5)^2)$$
$$-2e-0.5((x-8)^2 + (y-25)^2) - 2e-0.1((x-21)^2 + (y-25)^2)$$
$$+2e-0.5((x-25)^2 + (y-16)^2) + 2e-0.5((x-5)^2 + (y-14)^2)$$

$$(4.12)$$

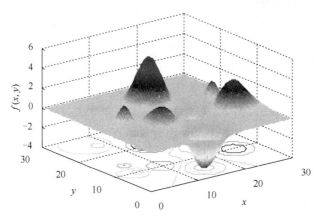

图 4.6 Peak 函数人工环境

仿真之初，50 个个体依据随机正态分布放置在人工环境中，如图 4.7（a）所示。随着迭代的进行，这些个体随机游动寻找食物。在第 3 代时，有部分个体聚集在食物资源相对较为丰富的区域（局部最优解），如图 4.7（b）所示，同时也有少数个体偏离此区域。在第 9 代时，种群中的大部分个体迅速聚集在一起，即个体都已寻找到了这个局部最优位置，如图 4.7（c）所示。其中，只有两个个体没有找到这个局部最优位置。由于 LSO 算法具有较强多样性，在第 11 代时，种群中的个体又从原局部最优觅食位置扩散开来，重新寻找比当前觅食地点更优的地点，如图 4.7（d）所示。在第 13 代时，部分个体已开始接近全局最优解，如图 4.7（e）所示。如此往复，在第 32 代时，种群中除一个个体外其他所有个体都寻到了全局最优解，如图 4.7（f）所示。

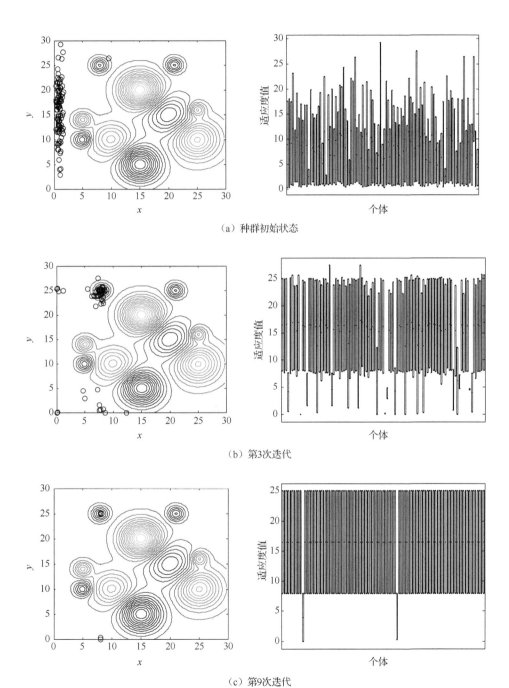

（a）种群初始状态

（b）第3次迭代

（c）第9次迭代

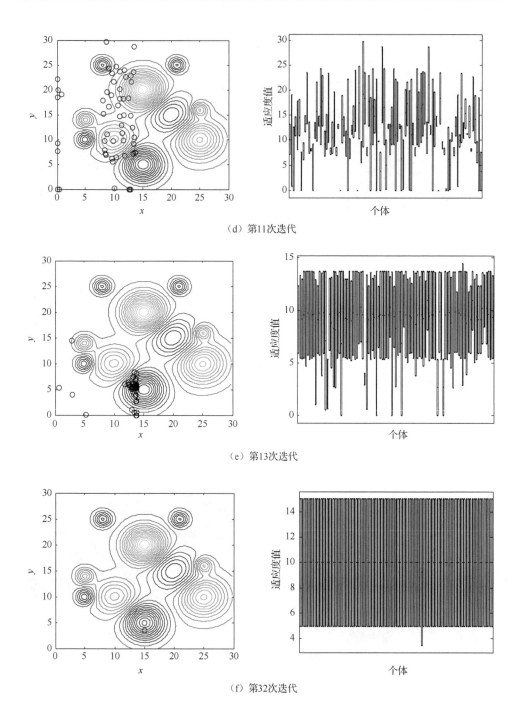

（d）第11次迭代

（e）第13次迭代

（f）第32次迭代

图 4.7　种群寻优动态过程

4.3　约束优化问题

约束优化处理的是具有多个变量且通常需要服从等式和（或）不等式约束的最小化或最大化函数问题，即非线性规划问题。由于许多实际问题无法建模为线性规划问题，因此非线性规划几乎成为所有工程、运筹学和数学领域中非常重要的工具，并吸引了越来越多不同背景研究人员的注意。由于约束条件的存在，在全局优化的意义下要找一个优于穷举搜索的确定性方法是不可能的，因此要很好地解决这类优化问题需要研究新的解决方法。解决约束优化问题非常有实际意义和科研价值。

4.3.1　定义及说明

约束优化问题通常可表现为下面的形式：

$$
\begin{aligned}
&\min f(\boldsymbol{x}) \\
&\text{s.t.}\quad g_i(\boldsymbol{x}) \leqslant 0,\ i = 1, 2, \cdots, m_1 \\
&\qquad h_i(\boldsymbol{x}) = 0,\ i = m_1 + 1, m_2 + 2, \cdots, m(= m_1 + m_2) \\
&\qquad \boldsymbol{x} \in X
\end{aligned}
\tag{4.13}
$$

式中，$f, g_1, g_2, \cdots, g_{m_1}, h_{m_1+1}, \cdots, h_m$ 是在 R^n 上定义的实值函数；X 是 R^n 的子集；$\boldsymbol{x}$ 是 n 维实向量，即决策空间中的向量，其元素为 $x_1, x_2, \cdots, x_n$。上述问题的解必须为既能满足约束又能最小化函数 f 的变量 $x_1^*, x_2^*, \cdots, x_n^*$。函数 f 是目标函数或判断函数。约束 $g_i(\boldsymbol{x}) \leqslant 0$ 是不等式约束，约束 $h_i(\boldsymbol{x}) = 0$ 是等式约束。结合 X 通常包括变量的下界和上界，称其为域约束，如下所示：

$$
X_i^L \leqslant X_i \leqslant X_i^U,\ i = 1, 2, \cdots, n
\tag{4.14}
$$

变量 X_i 在区间 $[X_i^L, X_i^U]$ 中取值，集合 $S = \prod_{i=1}^{n} [X_i^L, X_i^U]$，即 X 也是约束优化问题的整个搜索空间，记为 S。所有满足 $\boldsymbol{x} \in X$ 的向量是问题的可行解，这种解的集合构成可行域（feasible space）；反之，由问题不可行解的集合构成不可行域（infeasible space），如图 4.8 所示。

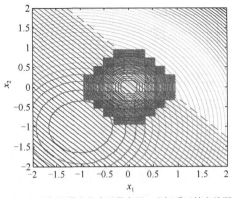
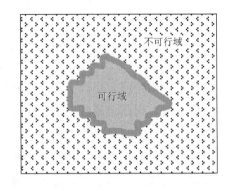

（a）目标函数和约束函数在同一坐标系下等高线图　　　　（b）可行域和不可行域

图 4.8　约束优化

通常在决策空间中用 F 来表示可行域，如下所示：

$$F = \{x \in X \mid g_i(x) \leqslant 0, i = 1, 2, \cdots, m_1; h_i(x) = 0, \ i = m_1 + 1, m_1 + 2, \cdots, m(= m_1 + m_2)\}$$
$$(4.15)$$

显然，满足 $F \subseteq S$。约束优化问题是要找到一个可行点 x^*，并对每一个可行点 x，都有 $f(x) \geqslant f(x^*)$。该可行点 x^* 即为约束优化问题的最优解。若 $g_i(x)$ 在 $x \in F$ 处满足 $g_i(x) = 0$，则称 $g_i(x)$ 在 x 处是活跃的。

4.3.2　约束优化问题难点

约束优化问题相比无约束优化问题存在一些新的问题，主要有以下难点。

（1）约束的存在导致决策变量的搜索空间新增了不可行域的存在。原本只需考虑单一的目标最优化，此时需要同时考虑约束与优化两个方面，搜索时平衡约束与优化都比较重要，很多问题的最优解位于可行域边界。此时，如何使得算法能够有效地在可行域边界进行采样搜索更为重要。

（2）对于某些强约束优化问题（指可行域面积极小），产生可行解本身就是一个非常难的问题，此时，约束优化的重点转移为设计一种有效的能搜索到可行解的机制或算法。

（3）约束的存在不仅会使目标问题原有的最优解不再满足要求，还可能产生许多新的局部最优点。通常强约束优化问题、可行域不连通优化问题会存在更多的局部最优点。

4.3.3　单目标约束标准测试函数

下面介绍七个有约束优化标准测试函数，表 4.1 是约束优化函数的测试特征。

表 4.1　约束优化函数测试特征

问题	特征						
	n^*	f^*	$P^*/\%$	LI^*	NI^*	NE^*	a^*
g_1	13	quadratic	0.000 002 35	9	0	0	6
g_2	20	nonlinear	0.999 965 03	1	1	0	1
g_3	5	quadratic	0.269 625 11	0	6	0	2
g_4	2	cubic	0.000 066 79	0	2	0	2
g_5	10	quadratic	0.000 001 03	3	5	0	2
g_6	2	nonlinear	0.008 590 82	0	2	0	0
g_7	7	polynomial	0.005 244 50	0	4	0	2

注：n^*为变量个数；f^*：目标函数类型；P^*：可行区域占搜索空间的比例；LI^*：约束条件中线性不等式个数；NI^*：约束条件中非线性不等式个数；NE^*：约束条件中非线性等式个数；a^*：最优点附近约束条件活动数目

（1）函数 1：$f(\boldsymbol{x}) = 5\sum_{i=1}^{4} x_i - 5\sum_{i=1}^{4} x_i^2 - \sum_{i=5}^{13} x_i$。

约束条件：

$$g_1(\boldsymbol{x}) = 2x_1 + 2x_2 + x_{10} + x_{11} - 10 \leqslant 0$$
$$g_2(\boldsymbol{x}) = 2x_1 + 2x_3 + x_{10} + x_{12} - 10 \leqslant 0$$
$$g_3(\boldsymbol{x}) = 2x_2 + 2x_3 + x_{11} + x_{12} - 10 \leqslant 0$$
$$g_4(\boldsymbol{x}) = -8x_1 + x_{10} \leqslant 0$$
$$g_5(\boldsymbol{x}) = -8x_2 + x_{11} \leqslant 0$$
$$g_6(\boldsymbol{x}) = -8x_3 + x_{12} \leqslant 0$$
$$g_7(\boldsymbol{x}) = -2x_4 - x_5 + x_{10} \leqslant 0$$
$$g_8(\boldsymbol{x}) = -2x_6 - x_7 + x_{11} \leqslant 0$$
$$g_9(\boldsymbol{x}) = -2x_8 - x_9 + x_{12} \leqslant 0$$

搜索空间：
$$0 \leqslant x_i \leqslant 1, i = 1, \cdots, 9; \ 0 \leqslant x_i \leqslant 100, i = 10, 11, 12; \ 0 \leqslant x_{13} \leqslant 1$$

最优解：
$$x^* = (1,1,1,1,1,1,1,1,13,3,3,1)$$

最优值：
$$f(x^*) = -15$$

（2）函数 2：$f(\pmb{x}) = \left| \sum_{i=1}^{n} \cos^4(x_i) - 2\sum_{i=1}^{n} \cos^2(x_i) \middle/ \sqrt{\sum_{i=1}^{n} i x_i^2} \right|$。

约束条件：

$$g_1(\pmb{x}) = 0.75 - \prod_{i=1}^{n} x_i \leqslant 0 \ , \ g_2(\pmb{x}) = \prod_{i=1}^{n} x_i - 0.75n \leqslant 0$$

搜索空间：

$$n = 20, 0 \leqslant x_i \leqslant 10, i = 1, \cdots, n$$

最优解：unknown。

最优值：

$$f(x^*) = 0.803\,619$$

（3）函数 3：$f(\pmb{x}) = 5.257\,854\,7x_3^2 + 0.835\,689x_1x_5 + 37.293\,239x_1 - 40\,792.141$。

约束条件：

$g_1(\pmb{x}) = 85.334\,407 + 0.005\,685\,8x_2x_5 + 0.000\,626\,2x_1x_4 - 0.002\,205\,3x_3x_5 - 92 \leqslant 0$

$g_2(\pmb{x}) = -85.334\,407 - 0.005\,685\,8x_2x_5 - 0.000\,626\,2x_1x_4 + 0.002\,205\,3x_3x_5 \leqslant 0$

$g_3(\pmb{x}) = 80.512\,49 + 0.007\,131\,7x_2x_5 + 0.002\,995\,5x_1x_2 + 0.002\,181\,3x_3^2 - 110 \leqslant 0$

$g_4(\pmb{x}) = -80.512\,49 + 0.007\,131\,7x_2x_5 + 0.002\,995\,5x_1x_2 + 0.002\,181\,3x_3^2 + 90 \leqslant 0$

$g_5(\pmb{x}) = 9.300\,961 + 0.004\,702\,6x_3x_5 + 0.001\,254\,7x_1x_3 + 0.001\,908\,5x_3x_4 - 25 \leqslant 0$

$g_6(\pmb{x}) = -9.300\,961 - 0.004\,702\,6x_3x_5 - 0.001\,254\,7x_1x_3 - 0.001\,908\,5x_{3x4} + 20 \leqslant 0$

搜索空间：

$$78 \leqslant x_1 \leqslant 102, \ 33 \leqslant x_2 \leqslant 45, \ 27 \leqslant x_i \leqslant 45 \ (i = 3, 4, 5)$$

最优解：

$$x^* = (78, 33, 29.995\,256\,025\,682, 45, 36.775\,812\,905\,788)$$

最优值：

$$f(x^*) = -30\,665.539$$

（4）函数 4：$f(\pmb{x}) = (x_1 - 10)^3 + (x_2 - 20)^3$。

约束条件：

$$g_1(\pmb{x}) = -(x_1 - 5)^2 - (x_2 - 5)^2 + 100 \leqslant 0$$

$$g_2(\pmb{x}) = (x_1 - 6)^2 + (x_2 - 5)^2 - 82.81 \leqslant 0$$

搜索空间：

$$13 \leqslant x_1 \leqslant 100, \ 0 \leqslant x_2 \leqslant 100$$

最优解:
$$x^* = (14.095, 0.842\,96)$$

最优值:
$$f(x^*) = -6961.813\,88$$

（5）函数 5: $f(x) = x_1^2 + x_2^2 + x_1 x_2 - 14x_1 - 16x_2 + (x_3 - 10)^2 + 4(x_4 - 5)^2 + (x_5 - 3)^2 + 2(x_6 - 1)^2 + 5x_7^2 + 7(x_8 - 11)^2 + 2(x_9 - 10)^2 + (x_{10} - 7)^2 + 45$ 。

约束条件:
$$g_1(x) = -105 + 4x_1 + 5x_2 - 3x_7 + 9x_8 \leqslant 0$$
$$g_2(x) = 10x_1 - 8x_2 - 17x_7 + 2x_8 \leqslant 0$$
$$g_3(x) = -8x_1 + 2x_2 + 5x_9 - 2x_{10} - 12 \leqslant 0$$
$$g_4(x) = 3(x_1 - 2)^2 + 4(x_2 - 3)^2 + 2x_3^2 - 7x_4 - 120 \leqslant 0$$
$$g_5(x) = 5x_1^2 + 8x_2 + (x_3 - 6)^2 - 2x_4 - 40 \leqslant 0$$
$$g_6(x) = x_1^2 + 2(x_2 - 2)^2 - 2x_1 x_2 + 14x_5 - 6x_6 \leqslant 0$$
$$g_7(x) = 0.5(x_1 - 8)^2 + 2(x_2 - 4)^2 + 3x_5^2 - x_6 - 30 \leqslant 0$$
$$g_8(x) = -3x_1 + 6x_2 + 12(x_9 - 8)^2 - x_{10} \leqslant 10$$

搜索空间:
$$-10 \leqslant x_i \leqslant 10, i = 1, \cdots, 10$$

最优解:
$$x^* = (2.171\,996, 2.363\,683, 8.773\,926, 5.095\,984, 0.990\,654\,8,$$
$$1.430\,574, 1.321\,644, 9.828\,726, 8.280\,092, 8.375\,927)$$

最优值:
$$f(x^*) = 24.306\,209\,1$$

（6）函数 6: $f(x) = \left(\sin^3(2\pi x_1)\sin(2\pi x_2)\right)\big/\left(x_1^3(x_1 + x_2)\right)$ 。

约束条件:
$$g_1(x) = x_1^2 - x_2 + 1 \leqslant 0$$
$$g_2(x) = 1 - x_1 + (x_2 - 4)^2 \leqslant 0$$

搜索空间:
$$0 \leqslant x_1 \leqslant 10, \quad 0 \leqslant x_2 \leqslant 10$$

最优解:
$$x^* = (1.227\,971\,3, 4.245\,373\,3)$$

最优值：

$$f(x^*) = 0.095\,825$$

（7）函数 7：$f(\boldsymbol{x}) = (x_1 - 10)^2 + 5(x_2 - 12)^2 + x_3^4 + 3(x_4 - 11)^2 + 10x_5^6 + 7x_6^2 + x_7^4 - 4x_6 x_7 - 10x_6 - 8x_7$。

约束条件：

$$g_1(\boldsymbol{x}) = -127 + 2x_1^2 + 3x_2^4 + x_3 + 4x_4^2 + 5x_5 \leqslant 0$$
$$g_2(\boldsymbol{x}) = -282 + 7x_1 + 3x_2 + 10x_3^2 + x_4 - x_5 \leqslant 0$$
$$g_3(\boldsymbol{x}) = -196 + 23x_1 + x_2^2 + 6x_6^2 - 8x_7 \leqslant 0$$
$$g_4(\boldsymbol{x}) = 4x_1^2 + x_2^2 - 3x_1 x_2 + 2x_3^2 + 5x_6 - 11x_7 \leqslant 0$$

搜索空间：

$$-10 \leqslant x_i \leqslant 10, i = 1, \cdots, 7$$

最优解：

$$x^* = (2.330\,499, 1.951\,372, -0.477\,541\,4, 4.365\,726,$$
$$-0.624\,487\,0, 1.038\,131, 1.594\,227)$$

最优值：

$$f(x^*) = 680.630\,057\,3$$

在这些测试函数中，函数 g_3 是中度约束问题，函数 g_4 和 g_6 是低维的高度约束问题，函数 g_7 是中维高度约束问题，g_1、g_2 和 g_5 是高维高度约束问题。在函数 g_2 的搜索空间中，可行域所占比例非常大，为 0.999 965 03%，几乎占满整个搜索空间。函数 $g_1 \sim g_5$ 和 g_7 的全局最优解位于可行域边界。函数 g_2 和 g_6 的最优值为这两个函数的最大值，其余函数的最优值为函数最小值。

4.4 约束优化问题实验研究及讨论

4.4.1 参数设置

本节将 LSO 算法与基本的粒子群优化（PSO）算法、基本的遗传算法（GA）和基本的群搜索（GSO）算法进行了比较。参数设置如下。

（1）最大迭代次数 3000，每个算法独立运行 50 次。

（2）群体规模都设置为 50，且每次运行的初始种群相同。

（3）LSO：个体觅食策略选择概率 P_f=0.1；混沌变量 S_c=100；交叉概率 P_c=0.7；变异概率 P_m=0.02。

（4）粒子群优化算法：加速因子 $c1=1$，$c2=1.49$，惯性权重设置为随着迭代次数的增加从 0.9 线性减少到 0.4。

（5）GA：交叉概率和变异概率分别是 0.7 和 0.5。

（6）GSO：搜索者的选择概率为 0.1；群体中除发现者外的个体中 80% 为加入者，剩余个体为游荡者；每个个体的头部初始角度 $\varphi^0 = 4/\pi$；常数 $a = \text{round}(\sqrt{n+1})$，$n$ 为搜索空间大小；发现者的最大偏离探测 $\theta_{\max} = \pi/a^2$；个体搜索时头部的最大偏离角度 $a_{\max} = \pi/2a^2$；个体移动的最大步长 $l_{\max} = \|U_i - L_i\| = \sqrt{\sum_{i=1}^{n}(U_i - L_i)^2}$，其中 L_i 和 U_i 是搜索空间的上限、下限。

4.4.2　算法离线性能分析

表 4.2 列出了四个算法基于约束优化测试函数的求解情况，包括 30 次运行的最优解中的最优值、最差值、平均最优值和最优值标准差。从表 4.2 中可以看出，在最优值方面，LSO 发现 4 个函数的全局最优值，函数 2、函数 4 和函数 5 除外；而 PSO 能发现 6 个函数的全局最优值，除了函数 2。因此，在算法发现最优值方面，LSO 比 PSO 稍差一些。但在 7 个函数的 30 次运行中，利用 LSO 算法计算得到的最差解都是可行解，且大部分几乎接近全局最优解。而对于函数 4，利用 PSO 算法计算却得到了不可行的最终解。因此，在最差值指标方面，LSO 算法性能优于 PSO 算法。用平均最优值指标衡量，LSO 算法的性能同样优于 PSO 算法。因此，对较简单约束优化问题的处理，LSO 算法具有很强的竞争力。

表 4.2　约束优化函数测试结果

算法	指标	函数						
		1	2	3	4	5	6	7
LSO	最差值	**−14.913**	**0.717 3**	−30 477	**−6 652.3**	**72.273**	0.095 824	681.77
	最优值	**−15**	0.789 31	**−30 665**	−6 947.2	26.372	**0.095 825**	**680.63**
	平均最优值	−14.953	**0.763 45**	−30 557	**−6 796.4**	**36.808**	**0.095 825**	680.98
	最优值标准差	**0.016 685**	**0.015 7**	36.761	**76.118**	**8.089 3**	**1.33×10^{-7}**	**0.195 7**
GSO	最差值	−3.083 7	0.659 86	−29 871	1.54×10^{7}	78.946	0.029 144	704.66
	最优值	−14.559	**0.790 59**	−30 504	−5 111.9	32.447	0.095 825	681.06
	平均最优值	−13.807	0.752 12	−30 323	2.63×10^{6}	46.123	0.069 153	683.68
	最优值标准差	1.633 9	0.026 17	109	3.45×10^{6}	9.505 2	0.032 999	4.586 1

续表

算法	指标	函数						
		1	2	3	4	5	6	7
PSO	最差值	−9	0.310 19	**−30 666**	$8.69×10^6$	3 188.7	**0.095 825**	**680.89**
	最优值	**−15**	0.768 63	**−30 666**	**−6 961.8**	**24.3**	**0.095 825**	**680.63**
	平均最优值	−10.66	0.565 26	**−30 666**	$1.56×10^6$	193.13	**0.095 825**	**680.67**
	最优值标准差	1.825 1	0.123 03	**$1.47×10^{-11}$**	$3.37×10^6$	463.74	$7.91×10^{-7}$	**0.040 9**
GA	最差值	$1.14×10^{10}$	0.284 94	−28 204	$1.07×10^8$	$2.12×10^{10}$	0.024 293	4 023.3
	最优值	$2.50×10^6$	0.480 07	−29 896	−5 352.1	$1.58×10^9$	0.095 493	794.89
	平均最优值	$5.17×10^9$	0.358 12	−29 272	$3.53×10^7$	$1.14×10^{10}$	0.070 36	1 821.6
	最优值标准差	$2.89×10^9$	0.037 692	342.48	$2.89×10^7$	$4.91×10^9$	0.018 708	748.61

注：加粗的数据表示结果比较中的最优值，下同

  图 4.9～图 4.12 分别是四个算法基于部分约束优化函数的最优解及平均最优解收敛曲线图。整体上看，GSO、PSO 和 LSO 这三个算法都具有较强的全局收敛及寻优能力，GA 最差。在 30 次运行中，对于函数 1 和函数 5，GA 没有找到任何可行解。与之相反的是，GSO、PSO 和 LSO 三个算法在第 500 次迭代之前都能迅速收敛于当前局部最优解。之后，随着迭代的进行，这三个算法寻优速度减慢。从发现最优解情况来看，四个算法的性能排序如下：PSO>LSO>GSO>GA。从平均最优解值方面比较，四个算法的性能排序如下：LSO>PSO>GSO>GA。

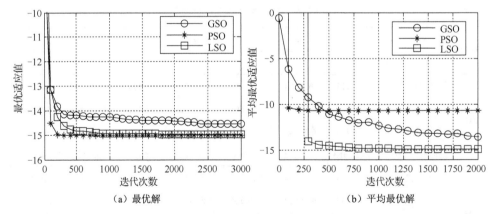

图 4.9　约束优化函数 f_1 测试指标的收敛曲线比较图

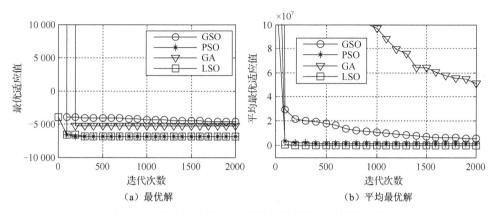

图 4.10　约束优化函数 f_4 测试指标的收敛曲线比较图

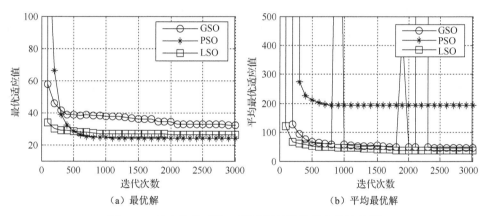

图 4.11　约束优化函数 f_5 测试指标的收敛曲线比较图

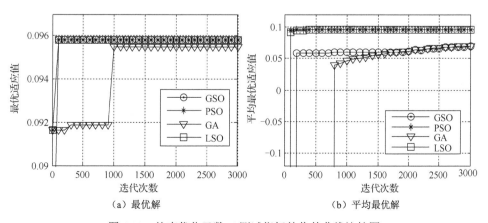

图 4.12　约束优化函数 f_6 测试指标的收敛曲线比较图

4.4.3　算法在线性能分析

表 4.3 中的值是算法每次独立运行后种群中满足约束条件的可行解个体数目，此数值代表种群动态特性。表 4.3 中给出了 30 次运行中，每次运行后种群中满足约束条件的最优个体数目、最差个体数目、满足约束条件的个体数值的平均值及标准差。从表 4.3 中可以看出，在七个测试函数的 30 次独立运行中，对于可行域较大的函数 3 和函数 6，PSO 算法优化效果非常好，在每次运行后，种群中所有个体都可移至可行域。函数 2 的可行域虽然非常大，但此函数的约束条件包含一个非线性不等式条件，因此 PSO 算法优化效果降低。对于可行域较小的函数 4 和函数 5，PSO 算法优化效果则非常差，当结束一次完整运行后，种群中仍没有个体发现可行域的情况。但对于这七个约束函数，不论函数的可行域有多大，或者约束条件是否含有非线性不等式、是否是高维度，在每一次结束运行后，LSO 算法都可以将种群中大部分个体引领至可行域，使得满足约束条件的个体数值的平均值都在 40 以上，且标准差很小。对于这七个约束优化函数，四个算法的在线性能排序如下：LSO>PSO>GSO>GA。

表 4.3　四个算法在线性能测试结果

算法	指标	函数						
		1	2	3	4	5	6	7
LSO	最优个体数目	**50**	**50**	**50**	**50**	**50**	**50**	**50**
	最差个体数目	31	49	45	44	39	45	42
	平均值	43.04	49.98	48.68	48.4	45.62	48.66	47.56
	标准差	4.198 9	0.141 42	1.346 8	1.442 8	2.687	1.572 9	1.842 4
GSO	最优个体数目	0	50	18	0	0	3	1
	最差个体数目	0	**50**	4	0	0	0	0
	平均值	0	50	12.08	0	0	0.68	0.24
	标准差	0	0	2.724 3	0	0	0.843 7	0.431 4
PSO	最优个体数目	50	38	**50**	50	50	**50**	49
	最差个体数目	**46**	14	**50**	0	0	**50**	12
	平均值	**49.4**	28.28	**50**	0	13.52	**50**	29.42
	标准差	0.932 2	4.580 5	0	0	16.26	0	10.414
GA	最优个体数目	0	13	1	0	0	0	1
	最差个体数目	0	1	0	0	0	0	0
	平均值	0	6.2	0.12	0	0	0	0.02
	标准差	0	2.821 2	0.328 26	0	0	0	0.141 4

4.5　多目标优化问题

多目标优化问题（multi-objective optimization problem，MOP）起源于许多复杂系统的设计、建模及规划问题。20 世纪 60 年代以来，多目标优化问题吸引了越来越多不同领域的研究人员的注意。尤其是近年来，进化算法在多目标优化中获得了越来越广泛的研究和应用，产生了一系列新颖算法并在应用中产生了很好的效果。多目标优化命题一般不存在唯一的全局最优解，所以实际上的多目标优化问题往往是如何寻求 Pareto 解集的过程。传统的求解算法往往是将多目标问题转换成单目标问题后，再利用成熟的单目标优化算法求解。此方法的缺点在于一次优化只能求出一个解。而现在的进化多目标策略越来越趋向于能一次并行计算求解出足够多的解，它们都分布在 Pareto 前沿面上，以供决策人员进行下一步决策。鉴于 LSO 算法在标准测试函数上表现出的优越性，有学者将 LSO 算法应用于求解多目标问题，设计了简单易行且参数较少的基于非支配排序（non-dominated life-cycle swarm optimization）算法。

4.5.1　多目标优化问题描述

实际工程优化问题大多属于多目标优化问题，目标之间一般互相冲突。多目标优化问题不失一般性，一个具有 n 个决策变量、m 个目标变量的多目标优化问题定义[6]如式（4.16）所示：

$$\min / \max f(\boldsymbol{x}) = (f_1(\boldsymbol{x}), f_2(\boldsymbol{x}), \cdots, f_m(\boldsymbol{x}))$$

$$\text{s.t.} \begin{cases} g_i(\boldsymbol{x}) \leqslant 0, & i = 1, 2, \cdots, p \\ h_r(\boldsymbol{x}) = 0, & r = 1, 2, \cdots, q \end{cases} \tag{4.16}$$

式中，$\boldsymbol{x} = (x_1, \cdots, x_n) \in X \subset R^n$，为 n 维决策向量，X 为 n 维的决策空间；$f(\boldsymbol{x}) = (f_1(\boldsymbol{x}), f_2(\boldsymbol{x}), \cdots, f_m(\boldsymbol{x})) \subset R^m$ 为 m 维的目标矢量，目标函数 $f(\boldsymbol{x})$ 定义了 m 个由决策空间向目标空间的映射函数；$g_i(\boldsymbol{x}) \leqslant 0 (i = 1, 2, \cdots, p)$ 定义了 p 个不等式约束；$h_i(\boldsymbol{x}) = 0 (j = 1, 2, \cdots, q)$ 定义了 q 个等式约束。

与传统的单目标决策不同，在多目标决策问题中，通常不存在能使所有目标函数同时得到优化的最优解。这是目标之间相互冲突导致的。此时，需要考虑的是另一种形式的解：有效解（或非劣解）。下面给出几个多目标优化的重要定义。

（1）可行解。对于某个 $\boldsymbol{x} \in X$，如果 $\boldsymbol{x}$ 满足约束条件 $g_i(\boldsymbol{x}) \leqslant 0 (i = 1, 2, \cdots, p)$ 和 $h_i(\boldsymbol{x}) = 0 (j = 1, 2, \cdots, q)$，则称 $\boldsymbol{x}$ 为可行解。

（2）可行解集。由 X 中的所有可行解组成的集合称为可行解集合，记为 X_f 且 $X_f \subseteq X$。

（3）Pareto 占优。假设 $x_A, x_B \in X_f$ 是式（4.16）所示多目标优化问题的两个可行解，则称与 x_B 相比，x_A 是 Pareto 占优的，当且仅当

$$\forall i = 1, 2, \cdots, m, \ f_i(x_A) \leqslant f_i(x_B) \wedge \exists j = 1, 2, \cdots, m, \ f_j(x_A) < f_j(x_B)$$

记作 $x_A \succ x_B$，也称为 x_A 支配 x_B。

（4）Pareto 最优解。一个解 $x^* \in X_f$ 被称为 Pareto 最优解（或非支配解），当且仅当满足如下条件：

$$\neg \exists \boldsymbol{x} \in X_f : \boldsymbol{x} \succ x^*$$

（5）Pareto 最优解集。Pareto 最优解集是所有 Pareto 最优解的集合，定义如下：

$$P^* \underline{\underline{\Delta}} \{ x^* \mid \neg \exists \boldsymbol{x} \in X_f : \boldsymbol{x} \succ x^* \}$$

（6）Pareto 前沿面。Pareto 最优解集 P^* 中的所有 Pareto 最优解对应的目标矢量组成的曲面称为 Pareto 前沿面 PF^*：

$$\mathrm{PF}^* \underline{\underline{\Delta}} \{ F(x^*) = (f_1(x^*), f_2(x^*), \cdots, f_m(x^*))^{\mathrm{T}} \mid x^* \in P^* \}$$

由上述定义可知，多个目标之间的冲突或竞争导致多目标优化问题不存在单一的最优解，而是一个 Pareto 最优解集。对于实际的应用问题，决策者需要根据对问题的了解程度和对目标函数的偏好，从 Pareto 最优集中挑选一个或多个解作为所求问题的最优解，从而形成最后的决策方案。因此，求解多目标优化问题的重点之一是如何有效地获取 Pareto 最优解集。

4.5.2　多目标无约束测试函数

为验证基于非支配排序的生命周期群搜索算法的有效性，本节选取 Zitzler 等设计的五个多目标系列算例来验证算法[7]，并与 NSGA-II 算法进行比较。这五个算例是分别针对多目标优化中存在的凸问题、非凸问题以及目标空间不连续等问题专门设计的。下面给出这五个测试函数的数学定义。

（1）测试函数 ZDT1：该问题有凸的 Pareto 前沿，即凸函数。

$$f_1(x) = x_1, \ f_2(x) = g(x) \left[1 - \sqrt{x_1 / g(x)} \right]$$

$$g(x) = 1 + 9 \left(\sum_{i=2}^{n} x_i \right) / (n-1)$$

$$\mathrm{s.t.} \ \ 0 \leqslant x_i \leqslant 1, \ n = 30$$

（2）测试函数 ZDT2：该问题有非凸的 Pareto 前沿，即凹函数。

$$f_1(x) = x_1, \ f_2(x) = g(x) \left[1 - (x_1 / g(x))^2 \right]$$

$$g(x) = 1 + 9 \left(\sum_{i=2}^{n} x_i \right) / (n-1)$$

$$\mathrm{s.t.} \ \ 0 \leqslant x_i \leqslant 1, \ n = 30$$

（3）测试函数 ZDT3：该问题的 Pareto 前沿非连续，即离散函数。

$$f_1(x) = x_1, \quad f_2(x) = g(x)\left[1 - \sqrt{x_1/g(x)} - (x_1/g(x))\sin(10\pi x_i)\right]$$

$$g(x) = 1 + 9(\sum_{i=2}^{n} x_i)/(n-1)$$

$$\text{s.t.} \quad 0 \leqslant x_i \leqslant 1, \quad n = 30$$

（4）测试函数 ZDT4：该问题有凸的 Pareto 前沿。

$$f_1(x) = x_1, \quad f_2(x) = g(x)\left[1 - \sqrt{x_1/g(x)}\right]$$

$$g(x) = 1 + 10(n-1) + \sum_{i=2}^{n}\left[x_i^2 - 10\cos(4\pi x_i)\right]$$

$$\text{s.t.} \quad 0 \leqslant x_1 \leqslant 1, -5 \leqslant x_i \leqslant 5, \ i = 2,\cdots,n, \quad n = 30$$

（5）测试函数 ZDT6：该问题有凹的 Pareto 前沿。搜索空间的不连续性使得求解 Pareto 前沿有两个困难：非劣解在 Pareto 前沿上分布不连续；越靠近 Pareto 前沿解的密度越低，反之则越高。

$$f_1(x) = 1 - \exp(-4x_1)\sin^6(6\pi x_1), \quad f_2(x) = g(x)(1 - (f_1(x)/g(x))^2)$$

$$g(x) = 1 + 9/(n-1)\sum_{i=2}^{n} x_i$$

$$\text{s.t.} \quad 0 \leqslant x_i \leqslant 1, \quad n = 30$$

4.5.3　评价方法

为了评估解的收敛性和解分布的均匀性，本节采用如下两种评价方法来比较每个算法的相关性能，指标定义如下。

（1）GD：用来估计算法的最终解集与全局非劣最优区域的趋近程度[8]，计算如下：

$$\text{GD} = \sqrt{\sum_{i=1}^{n} d_i^2/n}, \quad d_i = \min_{j=1}^{|p^*|}\sqrt{\sum_{m=1}^{k}\left(\frac{f_m(a_i) - f_m(p_j)}{f_m^{\max} - f_m^{\min}}\right)^2}$$

式中，n 是解集中个体的数目，d_i 是每个个体到全局非劣最优解的最小欧几里得距离。$f_m^{\max}$ 和 $f_m^{\min}$ 是参考集合 p^* 中第 m 个目标函数的最大值和最小值。GD 的值越小就说明解集越靠近全局非劣最优区域，如果 GD = 0 则说明算法的解都在全局非劣最优区域上，这是最理想的情况。

（2）SP：通过计算解集中每个个体与邻居个体的距离变化来评价解集在目标空间的分布情况[9]，其函数定义如下：

$$SP \triangleq \sqrt{1/(n-1) \times \sum_{i=1}^{n}(\bar{d}-d_i)^2}$$

$$d_i = \min_j \left(\left| f_1^i(\bar{x}) - f_1^j(\bar{x}) \right| + \left| f_2^i(\bar{x}) - f_2^j(\bar{x}) \right| \right) \quad i,j = 1, \cdots, n$$

式中，n 是解集中个体的数目；$\bar{d}$ 是所有 d_i 的平均值。如果 $SP = 0$，说明解集中所有个体之间的距离都相等，分布均匀，SP 的值越小说明解集分布越均匀。这种方法能够提供较准确的解的分布信息，适用于二维以上的多目标问题。

4.6 求解多目标问题的生命周期群搜索算法

4.6.1 多目标优化问题的主要求解算法

20 世纪 60 年代以来，人们设计了不少求解多目标优化问题的处理方法，并运用它们去解决各种实际问题，且取得了一定效果。

（1）传统优化方法。典型的传统优化方法如加权求和法[10]、目标规划法[11]、层次分析法、字典排序法、移动理想点法、基于目标间权衡的多目标决策方法等。但利用这些传统方法求解多目标优化问题有些困难，其原因是传统方法往往通过加权等方式将多目标问题转化为单目标问题，然后用数学规划的方法来求解，每次只能得到一种权值情况下的最优解。而且，当 Pareto 前沿为凹时，一些传统方法不能确保找到所有的 Pareto 最优解。同时，由于多目标优化问题的目标函数和约束函数可能是非线性、不可微或不连续的，传统的数学规划方法往往效率较低，且它们对于权重值或目标给定的次序较敏感。

（2）进化多目标优化方法。进化算法通过在代与代之间维持由潜在解组成的种群来实现全局搜索，这种从种群到种群的方法对于搜索多目标优化问题的 Pareto 最优解集是很有用的。1985 年，Schaffer 提出了矢量评价遗传算法（vector-evaluated genetic algorithms，VEGA），第一次实现了遗传算法与多目标优化问题的结合[12]。1989 年，Goldberg 提出了将经济学中的 Pareto 理论与进化算法结合来求解多目标优化问题的新思路[13]，对于后续进化多目标优化算法的研究具有重要的指导意义。随后，进化多目标优化算法引起了学者的广泛关注，并且涌现了大量的研究成果。进化多目标算法是目前公认的最适合解决多目标优化问题的方法。比较典型的算法有多目标遗传算法（MOGA）[14]、小生境 Pareto 遗传算法（NPGA）[15]、非支配排序遗传算法（NSGA、NSGA-II）[16,17]、强度 Pareto 进化算法（SPEA、SPEA-II）[18,19]、Pareto 存档进化策略（PAES）[20,21]、多目标蚁群优化算法、多目标粒子群优化算法等。

4.6.2　基于非支配排序的生命周期群搜索算法

1. 算法框架

步骤 1：初始化种群。

（1）初始化各类参数：种群规模 S、交叉概率 P_c、变异概率 P_m、混沌搜索个体数目、觅食方式选择概率 P_f、最大迭代次数 $T_{\max}$、收敛精度 ξ 等。

（2）产生初始种群 P，并评价当前种群 P 中所有个体的适应值。

（3）用非支配排序方法对种群进行排序。

（4）更新全局极值。将初始种群中的最优个体 p_g 设置为全局初始极值。

步骤 2：迭代循环直到最大进化代数 $T_{\max}$。

（1）种群 P 中的最优个体执行趋化操作，其他个体根据概率选择执行同化操作或换位操作。

（2）种群 P 执行选择、交叉和变异操作，从而形成一个新的种群 Q。

（3）组合种群 P 和 Q 构成新的种群 R，用非支配排序法对种群进行排序。

（4）从种群 R 中按精英选择策略选择 S 个粒子到种群 P 中。

（5）用非支配排序对种群进行排序，并评价当前种群 P 中所有个体的适应值，同时更新全局极值。

（6）若满足终止条件，则停止运算。否则，转入步骤（1）。

步骤 3：输出非劣最优解集 P。

2. 非支配排序

种群根据个体之间的支配与非支配关系进行排序。首先，找出该种群中的所有非支配个体，并赋予它们一个共享的虚拟适应度值，得到第一个非支配最优层；然后，忽略这组已分层的个体，对种群中的其他个体继续按照支配与非支配关系进行分层，并赋予它们一个新的虚拟适应度值，该值要小于上一层的值，对剩下的个体继续上述操作，直到种群中的所有个体都被分层。

考虑一个目标函数个数为 $K(K>1)$、规模大小为 N 的种群，通过非支配排序算法可以对该种群进行分层，具体的步骤如下。

（1）设 $j=1$。

（2）对于所有的 $g=1,2,\cdots,N$，且 $g\neq j$，基于适应度函数比较个体 x^j 和个体 x^g 之间的支配与非支配关系。

（3）如果不存在任何一个个体 x^g 优于 x^j，则 x^j 标记为非支配个体。

（4）令 $j = j + 1$，转到步骤（2），直到找到所有的非支配个体。

通过上述步骤得到的非支配个体集是种群的第一级非支配层；然后，忽略这些标记的非支配个体，再遵循步骤（1）～（4），就会得到第二级非支配；依次类推，直到整个种群被分层。

3. 确定适应度值

在对种群进行非支配排序的过程中，需要给每一个非支配层指定一个虚拟适应度值。级数越大，虚拟适应度值越小；反之，虚拟适应度值越大。这样可以保证在选择操作中等级较低的非支配个体有更多的机会被选择进入下一代，使得算法以最快的速度收敛于最优区域。另外，为了得到分布均匀的 Pareto 最优解集，就要保证当前非支配层上的个体具有多样性。此处引入基于拥挤策略的小生境技术，即通过适应度共享函数的方法对原先指定的虚拟适应度值进行重新指定。

假设 m 级非支配层上有 n_m 个个体，每个个体的虚拟适应度值为 f_m，且令 $i, j = 1, 2, \cdots, n_m$，则具体实现步骤如下。

（1）计算出同属于一个非支配层的个体 i 和个体 j 之间的距离：

$$d(i, j) = \sqrt{\sum_{i=1}^{L} ((x_l^i - x_l^j)/(x_l^u - x_l^d))^2}$$

式中，L 为问题空间的变量个数；x_l^u，x_l^d 分别为 x_l 的上界、下界。

（2）共享函数 s 表示个体 x^i 和小生境群体中其他个体的关系：

$$s(d(i, j)) = \begin{cases} 1 - (\dfrac{d(i, j)}{\sigma_{\text{share}}})^a, & \text{若} d(i, j) < \sigma_{\text{share}} \\ \\ 0, & \text{其他} \end{cases}$$

式中，σ_{share} 为共享半径；a 为常数。

（3）$j = j + 1$，如果 $j \leqslant n_m$，转到步骤（1），否则计算个体 x^i 的小生境数量 c_i：

$$c_i = \sum_{j=1}^{n_m} s(d(i, j))$$

（4）计算出个体 x^i 的共享适应度值 $f_m = f_m / c_i$。

反复执行以上步骤（1）～（4）可以得到每一个个体的共享适应度值。

4. 全局最优解的选取

NLSO 算法需要确定全局最优解的选取方法。在多目标优化中，因为最优解包含一组等价的折中解，很难从每一次迭代产生的一组非劣解中确定一个全局最优解。选择不同的最优个体，搜索的最终结果也会不同。最直接的方法是利用 Pareto 支配的概念，考虑档案文件中所有的非劣解，从中确定一个"领导"。此时，就需要制订一个准则，对这些非劣解的"质量"进行评价，本章采用基于密度测量的方法来确定全局最优解。此方法也可以确定在目标空间中一个给定粒子的最近邻的拥挤程度。其思想是通过测量相邻粒子做为顶点形成的立方体的周长，确定拥挤程度，周长越长表明个体分布密度越低，其适应度越好。

4.6.3　实验研究及讨论

1. 参数设置

在目标算例进行测试时，NLSO 和 NSGA-II 两个算法均设置相同的进化参数，以保证各算法的进化条件相同或相似，从而可以根据算法求解得到的非劣解集来公平地评价算法的性能。经实验确定，两种算法优化测试函数的进化参数设定如下：群体规模 100；进化代数 100；交叉概率 0.9；变异概率 0.1。

2. 实验结果

表 4.4 列出了两个算法对五个测试函数基于两个评价指标的实验结果，表中数值为算法独立运行 30 次的平均结果。图 4.13～图 4.16 图形化了两个算法对其中四个函数的求解结果，其中，横坐标表示目标函数 f_1，纵坐标表示目标函数 f_2。从图形上看，NLSO 性能最优于 NSGA-II。

表 4.4　多目标函数实验结果

指标	算法	函数				
		ZDT1	ZDT2	ZDT3	ZDT4	ZDT6
GD	NSGA-II	5.0172×10^{-2}	5.2216×10^{-2}	5.9352×10^{-2}	2.4439×10^{-1}	8.1500×10^{-1}
	NLSO	$\mathbf{7.9286\times10^{-3}}$	$\mathbf{3.8698\times10^{-2}}$	$\mathbf{2.6566\times10^{-2}}$	$\mathbf{2.4106\times10^{-1}}$	$\mathbf{4.0471\times10^{-1}}$
SP	NSGA-II	$\mathbf{1.4162\times10^{-2}}$	$\mathbf{1.0031\times10^{-2}}$	$\mathbf{6.0522\times10^{-3}}$	7.7175×10^{-3}	2.2909×10^{-2}
	NLSO	1.5996×10^{-2}	1.3831×10^{-2}	6.0700×10^{-3}	$\mathbf{6.4316\times10^{-3}}$	$\mathbf{1.4701\times10^{-2}}$

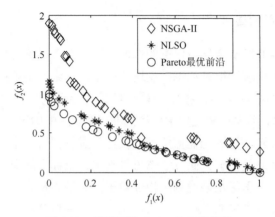

图 4.13　测试函数 ZDT1 的非劣前沿

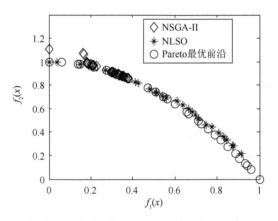

图 4.14　测试函数 ZDT2 的非劣前沿

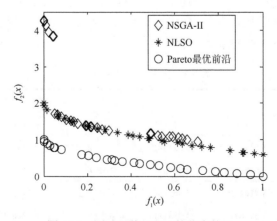

图 4.15　测试函数 ZDT4 的非劣前沿

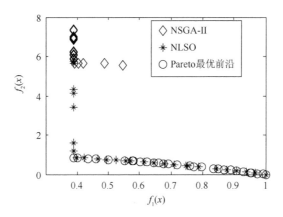

图 4.16　测试函数 ZDT6 的非劣前沿

从表 4.4 中的数据可看出，在逼近性方面，NLSO 算法较好，算法求出的许多最优解在目标空间中与非劣最优前沿解的位置很接近。在均匀性方面，对于较简单的测试问题，如 ZDT1～ZDT3，NLSO 算法较差。但对于目标函数相对复杂的情况（如 ZDT4 和 ZDT6），NLSO 算法的均匀性优于 NSGA-II。从总体上看，NLSO 算法在逼近性及复杂函数均匀性方面是最好的，而 NSGA-II 算法仅在简单函数的均匀性方面较优秀。显然度量结果与实际视觉效果完全一样。与此同时，本书认为一个有效的多目标进化算法首先应该有较好的逼近性，其次是均匀性，在这两者相同或相近的前提下，再考虑算法的其他评价性能。

<h2 style="text-align:center">参 考 文 献</h2>

[1]　Stearns S C. The Evolution of Life Histories. Oxford: Oxford University Press, 1992.

[2]　Passino K M. Biomimicry for Optimization, Control and Automation. London: Springer-Verlag, 2005.

[3]　Berman S M. Mathematical Statistics: An Introduction Based on the Normal Distribution. Scranton, PA: Intext Educational Publishers, 1971.

[4]　Lorenz E N. Deterministic nonperiodic flow. Journal of the Atmospheric Sciences, 1963, 20: 130-141.

[5]　Verhulst P F. Recherches mathématiques sur la loi d'accroissement de la population. Nouv. mém. de l'Academie Royale des Sci. et Belles-Lettres de Bruxelles, 1845, 18: 1-41.

[6]　Deb K. Multi-Objective Optimization Using Evolutionary Algorithms. Chichester: John Wiley & Sons, 2001.

[7]　Zitzler E, Deb K, Thiele L. Comparison of multi-objective evolutionary algorithms: empirical results. Evolutionary Computation, 2000, 8(2): 173-195.

[8]　Deb K, Jain S. Running Performance Metrics for Evolutionary Multi-objective Optimization. Technical Report, No.2002004. Kanpur: Indian Institute of Technology Kanpur, 2002.

[9]　Schott J R. Fault Tolerant Design Using Single and Multicriteria Genetic Algorithm Optimization. Cambridge: Massachusetts Institute of Technology, 1995.

[10]　Cohon J L. Multiobjective Programming and Planning. New York: Academic Press, 1978.

[11]　Joines J A, Gupta D, Gokce M A, et al. Supply chain multi-objective simulation optimization. In the Proceedings of the 2002 Winter Simulation Conference, San Diego, CA, USA, 2002.

[12]　Schaffer J D. Multiple objective optimization with vector evaluated genetic algorithms. In the Proceedings of the International Conference on Genetic Algorithms and Their Applications, Hillsdale, NJ, USA, 1985: 93-100.

[13]　Goldberg D E. Genetic Algorithm in Search, Optimization and Machine Learning. Boston: Addison-Wesley Longman Publishing, 1989.

[14]　Fonseca C M, Fleming P J. Genetic Algorithm for Multiobjective Optimization: Formulation, Discussion and Generalization. In the Proceedings of the 5th International Conference on Genetic Algorithms, San Francisco, CA, USA, 1993: 416-423.

[15]　Horn J, Nafpliotis N, Goldberg D E. A niched Pareto genetic algorithm for multiobjective optimization. In the Proceedings of the 1st IEEE Congress on Evolutionary Computation, Orlando, FL, USA, 1994: 82-87.

[16]　Srinivas N, Deb K. Multiobjective optimization using non-dominated sorting in genetic algorithms. Evolutionary Computation, 1994, 2(3): 221-248.

[17]　Deb K, Pratap A, Agarwal S, et al. A fast and elitist multi-objective genetic algorithm: NSGA-II. Evolutionary Computation, 2002, 6(2): 182-197.

[18]　Zitzler E, Laumanns M, Thiele L. SPEA2: Improving the strength Pareto evolutionary algorithm//Evolutionary Methods for Design, Optimization and Control with Applications to Industrial Problems, 2002: 95-100.

[19]　Corne D W, Jerram N R, Knowles J D, et al. PESA-II: Region-based selection in evolutionary multi-objective optimization. In the Proceedings of the Genetic and Evolutionary Computation Conference, San Francisco, CA, USA, 2001: 283-290.

[20]　Knowles J D, Corne D W. Approximating the non-dominated front using the Pareto archived evolution strategy. Evolutionary Computation, 2000, 8(2):149-172.

[21]　Corne D W, Knowles J D, Oates M J. The Pareto envelope-based selection algorithm for multi-objective optimization. In the Proceedings of the Parallel Problem Solving from Nature VI Conference, London, UK, 2000: 839-848.

第三部分
算法应用研究

　　在管理科学、计算机科学、生物学、电子工程、机械工程、复杂系统等领域都存在着大量优化问题：结构设计要在满足强度要求等条件下使所用材料的总重量最轻；资源分配要使各用户利用有限资源产生的总效益最大；安排运输方案要在满足物资需求和装载条件下使运输总费用最低；编制生产计划要按照产品工艺流程和顾客要求，尽量降低人力、设备、原材料等成本使总利润最高等等。本部分介绍集群智能算法在机械结构设计、最小化车辆路径，以及认知无线电的频谱决策和频谱分配方面的应用研究。

第5章 机械结构优化设计研究

5.1 机械约束优化

机械领域的优化设计工作在生产实际中占有重要地位。实践证明，在机械设计中采用优化设计方法，不仅可以减轻机械设备自重，降低材料消耗与制造成本，而且可以提高产品的质量和工作性能。由于在机械设计过程中，要求满足给定功能要求的机械产品设计方案，因此此类问题大多为约束优化函数。本章将子群协作搜索算法应用于一个优化函数和三个机械优化设计问题。

5.1.1 Himmelblau's 函数

Himmelblau's 函数是非线性优化问题，包括五个设计变量和三个非线性约束条件。

目标函数：
$$f(X) = 5.257\,854\,7X_3^2 + 0.835\,689X_1X_5 + 37.293\,239X_1 - 40\,792.141$$

约束条件：
$$g_1(X) = 85.334\,407 + 0.005\,685\,8X_2X_5 + 0.000\,626\,2X_1X_4 - 0.002\,205\,3X_3X_5$$
$$\leqslant 92$$

$$g_2(X) = 80.512\,49 + 0.007\,131\,7X_2X_5 + 0.002\,995\,5X_1X_2 + 0.002\,181\,3X_3^2$$
$$\leqslant 110$$

$$g_3(X) = 9.300\,961 + 0.004\,702\,6X_3X_5 + 0.001\,254\,7X_1X_3 + 0.001\,908\,5X_3X_4$$
$$\leqslant 25$$

式中，$78 \leqslant X_1 \leqslant 102$；$33 \leqslant X_2 \leqslant 45$；$27 \leqslant X_3 \leqslant 45$；$27 \leqslant X_4 \leqslant 45$；$27 \leqslant X_5 \leqslant 45$。

5.1.2 压力容器

工程上常见的半球形封头压力容器设计简单，如图 5.1 所示，广泛应用于石油及化学等工业。在力求满足强度等要求的前提下，以压力容器重量为目标函数。此问题共四个约束条件和四个优化变量，变量 X_1 和 X_2 是间隔为 0.0625 的均匀离散变量，X_3 和 X_4 是连续变量。

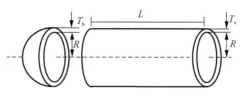

图 5.1　压力容器结构示意图

目标函数：
$$f(X) = 0.6224X_1X_3X_4 + 1.7781X_2X_3^2 + 3.1661X_1^2X_4 + 19.84X_1^2X_3$$

约束条件：
$$g_1(X) = 0.0193X_3 - X_1 \leqslant 0$$
$$g_2(X) = 0.009\,54X_3 - X_2 \leqslant 0$$
$$g_3(X) = 1\,296\,000 - \pi X_3^2X_4 - \frac{4}{3}\pi X_3^3 \leqslant 0$$
$$g_4(X) = X_4 - 240 \leqslant 0$$

式中，X_1 和 X_2 分别为封头（T_h）和筒体壁厚（T_s），$0.0625 \leqslant X_1$，$X_2 \leqslant 6.1875$；X_3 为筒体及封头底面半径（R），$X_3 \geqslant 10$；X_4 为筒体长度（L），$X_4 \leqslant 200$。

5.1.3　压缩弹簧

压缩弹簧广泛使用在一些机械中，如内燃机、压缩机等，如图 5.2 所示，弹簧性能的好坏直接影响机器的工作性态。压缩弹簧通常以质量最小作为最优化设计目标。此问题共四个约束条件和三个优化变量。

图 5.2　压缩弹簧结构示意图

目标函数：
$$f(X) = (X_3 + 2)X_2X_1^2$$

约束条件：
$$g_1(X) = 1 - \frac{X_2^3X_3}{71\,785X_1^4} \leqslant 0$$
$$g_2(X) = \frac{4X_2^2 - X_1X_2}{12\,566(X_2X_1^3 - X_1^4)} + \frac{1}{5108X_1^2} - 1 \leqslant 0$$

$$g_3(X) = 1 - \frac{140.45X_1}{X_2^2 X_3} \leqslant 0$$

$$g_4(X) = \frac{X_2 + X_1}{1.5} - 1 \leqslant 0$$

式中，X_2 为弹簧线径（d），$0.05 \leqslant X_1 \leqslant 2$；$X_2$ 为弹簧圈均径（D），$0.25 \leqslant X_2 \leqslant 1.3$；$X_3$ 为弹簧线圈数目，$2 \leqslant X_3 \leqslant 15$。这三个变量均为连续变量。

5.1.4　焊接悬臂梁

焊接悬臂梁优化设计问题以最小化焊接悬臂梁的总费用为优化目标，如图 5.3 所示。此问题共七个约束条件和四个优化变量，变量 X_1 和 X_2 是间隔为 0.0065 的均匀离散变量，X_3 和 X_4 是连续变量。

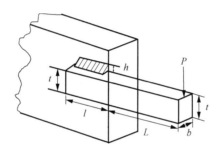

图 5.3　焊接悬臂梁结构示意图

目标函数：

$$f(X) = 1.10471X_1^2 X_2 + 0.04811X_3 X_4 (14 + X_2)$$

约束条件：

$$g_1(X) = \tau(X) - 13\,000 \leqslant 0$$
$$g_2(X) = \sigma(X) - 30\,000 \leqslant 0$$
$$g_3(X) = X_1 - X_4 \leqslant 0$$
$$g_4(X) = 0.10471X_1^2 + 0.04811X_3 X_4 (14 + X_2) - 5 \leqslant 0$$
$$g_5(X) = 0.125 - X_1 \leqslant 0$$
$$g_6(X) = \delta(X) - 0.25 \leqslant 0$$
$$g_7(X) = 6000 - P_c(X) \leqslant 0$$

式中，$\tau(X) = \sqrt{(\tau')^2 + 2\tau'\tau'' \dfrac{X_2}{2R} + (\tau'')^2}$，$\tau' = \dfrac{6000}{\sqrt{2}X_1 X_2}$，$\tau'' = \dfrac{MR}{J}$，$M = 6000(L + \dfrac{X_2}{2})$，

$R = \sqrt{\dfrac{X_2^2}{4} + \left(\dfrac{X_1 + X_3}{2}\right)^2}$，$J = 2\left\{ \dfrac{X_1 X_2}{\sqrt{2}} \left[\dfrac{X_2^2}{12} + \left(\dfrac{X_1 + X_3}{2}\right)^2 \right] \right\}$；$\sigma(X) = 2.1952 / X_4 X_3^2$；

$$\delta(X) = \frac{504\,000}{X_3^3 X_4}\;;\quad P_c(X) = 64\,746.022(1 - 0.028\,234\,6X_3)X_3 X_4^3\,\text{。}$$

优化目标为最小化焊接悬臂梁的总费用。焊接厚度 $h=X_1$,焊接接头长度 $l=X_2$,梁的宽度 $t=X_3$,梁的厚度 $b=X_4$。$0.1 \leqslant X_1 \leqslant 2.0$,$0.1 \leqslant X_2 \leqslant 10$,$0.1 \leqslant X_3 \leqslant 10$,$0.1 \leqslant X_4 \leqslant 2.0$。

5.2 标准群搜索算法

5.2.1 信息分享

生物的存在并不是孤立的,而是以群居的方式生活。在群体中,个体之间可以通过直接通信或间接通信的方式交流信息从而求解问题。群搜索优化算法源于群居动物如鸟、鱼、狮子等的"发现-加入"觅食行为[1,2]。这类群体的觅食策略主要有两种:发现,即发现食物;加入,即加入(追随)发现者分享食物。在某一时刻,群中存在一个当前最优觅食个体,这个个体会将它的当前觅食信息通过某种通信方式传递给群中的其他成员。通过信息分享,其他成员则会跟随最优个体的觅食方式进行觅食。除此以外,为避免陷入局部极小,让种群有更多的机会找到更丰富的食物,群搜索优化算法还采用了游荡策略。群中一部分个体虽然得到了最优个体信息,但并不采纳,而是按照自己的方式进行觅食。

根据发现、加入和游荡这三种觅食策略,群搜索优化算法的群成员被分为三类:发现者、加入者和游荡者。每轮迭代中,当前位置最佳的个体为此轮的发现者,发现者保持其位置不变,其他个体随机地被选择为加入者或游荡者,加入者朝发现者的位置前进一段距离,而游荡者朝任意方向游动一段距离。在整个迭代过程中,发现者保持当前最佳位置,加入者一直向发现者靠近,而游荡者则随机地在觅食区域游荡。迭代过程中,每个个体都可以在三种角色中切换。

5.2.2 视觉扫描

达尔文的"适者生存"理论指出,生物在进化过程中,必须学会不断适应复杂多变的外部环境才能继续生存下去。因此,生物首先需要感知外界环境的信息,然后才能做出各种行为的判断,如捕食、配偶选择及信息传递等。在自然界中,每种生物都会通过自身固有的方式来接收外界信息而活动,如视觉、听觉、触觉、化学和电信号等。在进化的道路上,眼睛的出现是一件大事,它使生物与世界的关系得到了根本的改变。生物可以通过眼球运动所触及的光信号,即视觉扫描方式来获取更加准确和丰富的外界环境信息，由此提升自身的生存适应能力。视觉扫描方式具有简单、准确、迅速等优点[3,4]。

在群搜索算法中，发现者在每次移动前，都先采用类似刺盖太阳鱼的三点视觉扫描的方式[5]，按式（5.1）～式（5.3）分别在前面、左侧和右侧三个方向扫描三个点 X_z、X_l 和 X_r，再通过判断移动到其中最优点位置。

$$X_z = X_g^k + r_1 l_{max} D_p^k(\varphi^k) \tag{5.1}$$

$$X_l = X_g^k + r_1 l_{max} D_g^k(\varphi^k - r_2 \theta_{max}/2) \tag{5.2}$$

$$X_r = X_g^k + r_1 l_{max} D_g^k(\varphi^k + r_2 \theta_{max}/2) \tag{5.3}$$

式中，r_1 是[0,1]区间正态分布的随机数；r_2 是[0,1]区间均匀分布的随机数；X_g 代表发现者；θ_{max} 和 l_{max} 为自定义常数，分别表示发现者扫描过程中的最大扫描角度和移动的最大步长。在 n 维搜索空间中，每个个体 i 在第 k 次迭代都有三个属性向量：位置向量 $\boldsymbol{X}_i^k = (X_{i1}^k, X_{i2}^k, \cdots, X_{in}^k)$，头部角度向量 $\boldsymbol{\varphi}_i^k = (\varphi_{i1}^k, \varphi_{i2}^k, \cdots, \varphi_{i(n-1)}^k)$ 和方向向量 $\boldsymbol{D}_i^k(\varphi^k) = (d_{i1}^k, d_{i2}^k, \cdots, d_{in}^k)$。方向向量通过头部角度的极坐标与笛卡儿坐标的转换得到，计算如下：

$$d_{i1}^k = \prod_{p=1}^{n-1} \cos(\varphi_{ip}^k) \tag{5.4}$$

$$d_{in}^k = \sin(\varphi_{i(n-1)}^k) \tag{5.5}$$

$$d_{ij}^k = \sin(\varphi_{i(j-1)}^k) \cdot \prod_{p=i}^{n-1} \cos(\varphi_{ip}^k) \tag{5.6}$$

5.2.3 算法描述及实现步骤

标准群搜索算法中，群中的成员被分为发现者、加入者和游荡者。当前位置最佳的个体 X_g 为此轮的发现者，其他个体中的一部分根据选择概率变成加入者，剩余个体的角色为游荡者。每次迭代中，每个个体都可以在三种角色中切换。

（1）发现者。发现者 X_g 首先按式（5.1）～式（5.3）在三个方向分别扫描三个点 X_z、X_l 和 X_r，然后计算各个位置所对应的适应值。如果新搜索的位置比原来的位置具有更佳的适应值，发现者会跳到此位置；否则，发现者会留在原位置，调整头部方向后准备下一次的迭代搜索。

$$\varphi^{k+1} = \varphi^k + r_2 a_{max} \tag{5.7}$$

式中，a_{max} 为发现者头部最大转弯角度。

如果发现者在经过 a 次迭代计算后，仍没有搜索到更好的位置，它将会停留在当前位置，并让头部转回到 a 次迭代前的角度并重新进行搜索。

$$\varphi^{k+a} = \varphi^k \tag{5.8}$$

（2）加入者。加入者按随机步长追随发现者并参与搜索。

$$X_i^{k+1} = X_i^k + r_3(X_g^k - X_i^k) \tag{5.9}$$

式中，r_3 是[0,1]之间均匀分布的随机数。

（3）游荡者。散布于不可行群内的各个游荡者，先按式（5.10）和式（5.11）随机选择搜索角度和搜索距离，然后以式（5.12）计算随机步长进行独立搜索。

$$\varphi_i^{k+1} = \varphi_i^k + r_2 a_{\max} \tag{5.10}$$

$$l_i = a \cdot r_1 l_{\max} \tag{5.11}$$

$$X_i^{k+1} = X_i^k + r_1 l_i D_i^k(\varphi_i^{k+1}) \tag{5.12}$$

式中，$l_{\max}$ 为个体移动最大步长。

标准群搜索算法的基本实现步骤如下。

步骤 1：初始化各类参数，即种群规模 S、最大迭代次数 $T_{\max}$、头部初始角度 φ^0、常数 a、搜索空间大小、发现者的最大扫描角度 $\theta_{\max}$、个体最大偏离角度 $a_{\max}$、个体移动的最大步长 $l_{\max}$、搜索者的选择概率 P_s。

步骤 2：随机生成个体初始位置 X，并计算个体初始适应值 $f(X)$。

步骤 3：全局最优个体 X_g 设置为群内初始适应值最优的个体。

步骤 4：群中最优个体 X_g 按式（5.1）～式（5.3）、式（5.7）和式（5.8）执行发现者搜索策略。对于群内其他个体，根据加入者的选择概率，部分个体执行加入者搜索策略，剩余个体执行游荡者搜索策略。加入者按式（5.9）以随机步长沿着发现者的搜索路径进行搜索。游荡者按式（5.10）～式（5.12）生成随机搜索角度和搜索距离，并以随机步长进行独立搜索。

步骤 5：计算个体适应值 $f(X)$，如果群内存在比当前发现者更优的个体，则将该个体设置为全局最优个体 X_g。

步骤 6：如果当前的迭代次数达到了预先设定的最大次数 $T_{\max}$，或小于预定收敛精度 ξ 要求，则停止迭代，输出最优解，否则转到步骤 4。

5.3　子群协作群搜索算法

5.3.1　协作进化论

协作进化一词最早是学者在讨论植物和植食昆虫（蝴蝶）相互之间的进化影响时提出来的。有学者给协作进化下了一个严格的定义：协作进化是一个物种的性状作为对另一个物种性状的反应而进化，而后一物种的这一性状本身又是作为对前一物种性状的反应而进化。在生态环境中，资源是有限的，各种物种必须通过各类协作关系才能获得自己生存所需的资源。通过这个协作交互过程，物种实现了不断进化和改变，并相互影响彼此的进化过程，这个相互适应的过程就是协作进化。在生物系统中，协作进化现象广泛存在，如竞争物种间的协作进化、捕食者与猎物系统的协作进化、寄生物与寄主系统的协作进化、拟态的协作进化和互利作用的协作进化等。从协作进化所属的生物层次来理解，包括分子水平、细胞水平、个体水平、种群水平和生态系统水平上的协作进化。

　　在自然生态系统中，种群关系上的协作进化现象非常普遍。物种在生存区域内，通常存在多个群体，每个群体都自己的个体类型。不仅群体中的个体可以相互交流，而且不同类型的群体之间也可以相互协调，从而实现这片生存区域内所有个体的共生。在长期进化过程中，群体间协作关系多种多样，如表 5.1 所示。两种最基本的方式为合作型协作进化和竞争型协作进化。而且，也可以根据群体的受益方将协作进化进一步分类。其中，合作型又可以分为互惠共生型、偏利共生型和寄生型，竞争型分为普通竞争型和偏害竞争型。

表 5.1　群体间协作关系

合作型			竞争型	
互惠共生型	偏利共生型	寄生型	普通竞争型	偏害竞争型

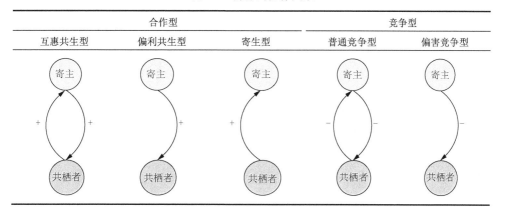

5.3.2　约束优化处理方法

　　在上述的群体协作进化类型中，考虑到约束优化问题的特点，本章基于偏利共生型协作进化思想，设计了子群协作群搜索算法。偏利共生型协作进化是指两种都能独立生存的生物以一定的关系生活在一起的现象。这种协作对其中一方有利，对于另一方无关紧要。如共同生活在某个区域内且位置相邻的两个群体，其中一个为主群，另一个为从群。首先，每个群的成员都能按照群的特有生存方式生活，互不干扰。其次，主群能从从群获得利益并使主群内的成员更好地进化，但这种利益关系对于从群成员却无关紧要。在约束优化中，解空间一般包含可行域和不可行域两部分。搜索空间内所有满足约束条件的点集构成了可行域；反之，不满足约束条件的点集构成了不可行域。由于群搜索算法中群内每个成员都代表问题的一个解，因此，子群协作群搜索算法将群内成员分为可行子群（feasible subswarm）和不可行子群（infeasible subswarm），这两个子群按照偏利共生型协作进化方式共生。

在可行子群和不可行子群之间存在着一个约束边界。在偏利共生型协作进化方式中它起到"单向围墙"的作用，如图 5.4 所示。可行子群内的个体可在可行域内自由搜索，但当个体通过搜索移动到了不可行域，这个围墙会阻止个体的这次行为，让它回到原来的可行域内的另一个位置。而不可行子群内的个体既可以在不可行域内搜索，又可以通过搜索进入可行域，从而成为可行子群成员。

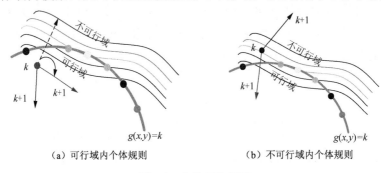

（a）可行域内个体规则　　　　　　　（b）不可行域内个体规则

图 5.4　个体行为规则

简单的约束优化问题的最优点通常位于可行域内，此类问题约束条件比较宽松，用传统的优化方法即可解决。但复杂的约束优化问题的最优点通常都位于可行域的边界上或是非凸区域的某一个角上，这为优化问题求解增加了难度。对于可行子群来说，"单向围墙"的作用使得边界最优点通常不容易被发现。对于不可行子群来说，由于此群内的个体的搜索机制不受"单向围墙"的限制，因此，相比于可行子群，不可行子群内的个体会有更多的机会接触边界最优点。一旦不可行子群内的个体发现了边界最优点，这个个体由从属于不可行子群转变为从属于可行子群，并按可行子群搜索方式进行搜索。此时，可行子群内的个体开始从中受益，群内个体会转而向边界最优点方向移动，使更多的个体有更多的寻找到食物的机会。

5.3.3　子群协作群搜索算法原理

本节受自然生物合作与共生机制启发，并结合群搜索（GSO）算法的优化原理，提出了可用于解决约束优化问题的改进的群搜索（improved group swarm optimizer，iGSO）算法。该算法基于群搜索算法，采用子群协作原理完成最优解搜索，也可称子群协作群搜索算法。算法包含一个可行子群和一个不可行子群，每个子群根据群内成员的特点独立选择寻优方式。约束问题的寻优过程是这两个子群同时进化的结果。在每个种群内，各成员相互配合，从而适应环境，创造更多生存机会。

1. 可行子群

由于可行子群内所有成员都满足约束优化，因此可行子群只需在可行域内寻找到目标函数最优值即可。这类似于用标准的群搜索算法解决无约束优化问题，因此此群的搜索策略与标准群搜索算法类似，群内成员同样被分为发现者、加入者和游荡者。在每轮迭代中，当前位置最佳的个体为此轮的发现者，其他个体随机地被选择为加入者或游荡者。可行子群内的发现者和加入者的搜索策略与标准群搜索算法中的相同，唯一不同的是游荡者搜索策略。在可行子群内，每个个体都会保存它整个搜索过程中的最优位置信息。当个体的角色为游荡者时，个体会基于它的历史最优位置进行随机步长的独立搜索，如式（5.13）所示。

$$X_i^{k+1} = X_p^k + l_i D_i^k (\varphi_i^{k+1}) \qquad (5.13)$$

2. 不可行子群

在不可行子群内，不存在全局最优个体，因此只有发现者和游荡者两类成员。每个个体都可以在这两种角色中切换。这两种角色的个体的搜索策略与标准群搜索算法相同，此处不再阐述。

3. 算法实现步骤

子群协作群搜索算法的基本步骤如下。

步骤 1：初始化。

（1）初始化各类参数，即种群规模 S、最大迭代次数 T_{max}、头部初始角度 φ^0、常数 a、搜索空间大小、发现者的最大扫描角度 θ_{max}、个体最大偏离角度 a_{max}、个体移动的最大步长 l_{max}、搜索者的选择概率 P_s。

（2）随机生成个体初始位置 X，并计算个体初始适应值 $f(X)$。

（3）个体初始适应值 $f(X)$ 设置为个体的历史最优值 $f(X_p)$，个体初始位置设置为个体的历史最优位置 X_p。

（4）子群划分。将整个种群按是否满足约束条件划分成可行子群和不可行子群。如果可行子群内有成员，则继续执行步骤（5），否则返回步骤（2），重新初始化。

（5）全局最优个体 X_g 设置为可行子群内初始适应值最优的个体。

步骤 2：可行子群内个体状态更新。

子群中最优个体 X_g 按式（5.1）～式（5.3）执行发现者搜索策略。对于子群内其他个体，根据加入者的选择概率，部分个体执行加入者搜索策略，剩余个体执行游荡者搜索策略。加入者按式（5.9）以随机步长沿着发现者 X_g 的搜索路径进行搜索，游荡者按式（5.13）基于它历史最优位置 X_p 进行随机步长的独立搜索。

步骤 3：不可行子群内个体状态更新。

根据加入者的选择概率，部分个体执行加入者搜索策略，剩余个体执行游荡者搜索策略。加入者按式（5.9）以随机步长沿着发现者的搜索路径进行搜索，游荡者按式（5.10）～式（5.12）生成随机搜索角度和搜索距离，并以随机步长进行独立搜索。

步骤 4：更新个体极值和全局极值。

（1）将整个种群按是否满足约束条件划分成可行子群和不可行子群。

（2）计算个体适应值 $f(X)$，并将它与该个体的历史极值 $f(X_p)$ 比较。如果 $f(X)$ 优于它的历史最优值 $f(X_p)$，则将个体当前位置设置为该个体的历史最优位置 X_p。

（3）如果可行子群内存在比当前发现者更优的个体，则将该个体设置为全局最优个体 X_g。

（4）如当前的迭代次数达到了预先设定的最大次数 T_{max}，或小于预定收敛精度 ξ 要求，则停止迭代，输出最优解，否则转到步骤 2。

5.4　实验研究及讨论

1. 参数设置

对于 5.1 节的优化问题，文献中没有给出它理论上的最优设计方案，因此研究者们不断试图通过各种优化方法来计算更优值。本章将 iGSO 算法和目前文献中查到的有关这两个问题的最佳解决方法进行了比较。参数设置如下。

（1）算法的种群规模设置为 50。

（2）最大迭代次数为 1000，运行 30 次。

（3）iGSO 算法：搜索者的选择概率为 0.1；群体中除发现者外的个体中选择 80% 为加入者，剩余个体为游荡者；每个个体的头部初始角度 $\varphi^0 = 4/\pi$；常数 $a = \text{round}(\sqrt{n+1})$，$n$ 为搜索空间大小；发现者的最大偏离探测 $\theta_{max} = \pi/a^2$；个体搜索时头部的最大偏离角度 $a_{\max}=\pi/2a^2$，个体移动的最大步长 $l_{\max}$ 计算如下：

$$l_{\max}=\left\|U_i-L_i\right\|=\sqrt{\sum_{i=1}^{n}(U_i-L_i)^2}$$

式中，L_i 和 U_i 是搜索空间的上限、下限。

（4）PSO 算法：学习因子 $c_1=c_2=2$；惯性权重 w 设置为随着迭代次数的增加从 0.9 线性减少到 0.4。

（5）GA：三个操作算子选择、交叉和变异分别采用轮盘赌、算术交叉和单点变异方法，且交叉概率和变异概率分别为 0.9 和 0.1。

2. 实验结果

表 5.2～表 5.5 分别列出了各个算法基于上述问题分别执行 30 次获得的最优值、平均最优值、最差值和标准差及其他相关文献的实验结果。

表 5.2　Himmelblau's 函数测试结果

实验结果	iGSO	文献[6]	文献[7]	文献[8]	文献[9]、[10]
最优值	−30 665.364 7	−30 790.271 59	−30 903.877	−30 829.201	−30 903.877
平均最优值	−30 665.36	−30 446.461 8	−30 539.915 6	−30 442.126	−30 448.007
最差值	−30 370.552 2	−29 834.384 7	−30 106.249 8	−29 773.085	−29 926.154 4
标准差	72.223	226.342 8	200.035	244.619	249.485
实验结果	文献[11]	文献[12]	文献[13]	文献[14]	
最优值	−30 373.949	−31 005.796 6	−31 020.859	−30 183.576	
平均最优值	N/A	−30 862.873 5	−30 984.240 7	N/A	
最差值	N/A	−30 721.041 8	−30 792.407 7	N/A	
标准差	N/A	73.24	73.633 5	N/A	

表 5.3　压力容器优化设计结果

实验结果	iGSO	文献[15]	文献[16]	文献[17]	文献[18]	文献[19]
最优值	6 059.714 0	6 061.077 7	6 059.898 9	6 059.946 3	6 127.414 3	6 154.700 0
平均最优值	6 238.801 0	6 147.133 3	6 238.507 8	6 177.253 3	6 616.933 3	8 016.370 0
最差值	6 820.410 0	6 363.804 2	6 556.407 2	6 469.322 0	7 572.659 1	9 387.770 0
标准差	194.320 0	86.454 5	158.320 0	130.930 0	358.849 7	745.869 0
实验结果	文献[6]	文献[7]	文献[8]	文献[9]、[10]	文献[11]	文献[12]
最优值	6 110.811 7	6 213.692 3	6 127.414 3	6 110.811 7	6 069.326 7	6 288.744 5
平均最优值	6 656.261 6	6 691.560 6	6 660.863 1	6 689.604 9	6 263.792 5	6 293.843 2
最差值	7 242.203 5	7 445.692 3	7 380.481 0	7 411.253 2	6 403.450 0	6 308.149 7
标准差	320.819 6	322.764 7	330.751 6	330.448 3	97.944 5	7.413 3

表5.4　压缩弹簧优化设计结果

实验结果	iGSO	文献[15]	文献[16]	文献[17]	文献[19]	文献[20]
最优值	0.012 7	0.012 7	0.012 7	0.012 7	0.012 8	0.012 7
平均最优值	0.012 7	0.012 7	0.013	0.012 7	0.046 7	0.012 9
最差值	0.013	0.012 9	0.015 5	0.013	1.58	0.016 7
标准差	0.000 051	0.000 052	0.000 67	0.000 059	0.21	0.000 59

表5.5　焊接悬臂梁优化设计结果

实验结果	iGSO	文献[15]	文献[16]	文献[17]	文献[18]	文献[19]
最优值	1.721 7	1.728	1.739 2	1.728 21	2.082 1	1.765 6
平均最优值	1.738	1.748 8	1.885 3	1.792 7	3.115 8	1.968 2
最差值	1.917 4	1.782 1	2.183 1	1.993 41	4.513 8	2.844 1
标准差	0.034 5	0.012 9	0.011 2	0.074 71	0.662 5	0.155 41
实验结果	文献[6]	文献[7]	文献[8]	文献[9]、[11]	文献[12]	文献[13]
最优值	2.046 9	2.106 2	2.071 3	1.958 9	1.824 5	1.748 3
平均最优值	2.972 8	3.155 6	2.953 3	2.989 8	1.919	1.772
最差值	4.574 1	5.035 9	4.126 1	4.840 4	1.995	1.785 8
标准差	0.619 6	0.700 6	0.490 2	0.651 5	0.053 77	0.011 22

　　表 5.2～表 5.5 中的参考文献提出的处理约束条件的方法有如下几种：文献[11]采用广义简约梯度算法；文献[13]、[17]采用多目标进化方法；文献[16]采用协作进化粒子群优化算法；文献[19]基于全局拓扑和局部拓扑相结合的粒子群优化算法采用罚函数处理约束条件；文献[20]提出社会文化算法，此算法将种群分成多层次子群，个体分成多级别角色。每个子群都有一个唯一的领导，其他个体只能在其所属子群内活动，而领导级别的个体可在全局范围内活动。其余文献则都是采用罚函数法与遗传算法相结合的混合方法。文献[6]使用局部惩罚因子和全局惩罚因子相结合的罚函数；文献[7]采用动态罚函数；文献[8]采用退火罚函数；文献[9]、[10]、[15]采用搜索过程信息反馈的自适应罚函数；文献[18]采用死亡罚函数。

　　从上述的文献综述及四个结果列表可以看出，iGSO 算法能够获得与其他文献一样优秀甚至更优的解。对于第一个测试问题，文献[12]、[13]的优化结果整体优于 iGSO 算法；对于第二个测试问题，文献[15]～文献[17]的优化结果整体优于 iGSO 算法；对于第三个测试问题，文献[15]、[17]的优化结果与 iGSO 算法基本相当；对于第四个测试问题，文献[15]的优化结果整体优于 iGSO 算法。从实验结果上看，文献[15]、[17]的优化性能优于 iGSO 算法。

文献[15]将自适应的罚函数与遗传算法结合形成协作进化遗传算法，此算法将整个种群分成两个子群。其中的一个子群是单群，负责惩罚因子的进化，并将进化后的最优惩罚因子值提供给另一个子群；另一个子群由多个小子群组成，每个小子群都采用罚函数法来处理约束条件并搜索问题最优解。文献[17]提出了一种类似于 Pareto 小生态遗传算法的约束处理技术，它采用基于 Pareto 优超的联赛选择机制，定义了四个指定群体进行比较的个体比例的准则，并通过选择概率来控制群体的多样性。与文献[15]、[17]相比较，虽然这两个文献提出的算法的实际测试结果优于 iGSO 算法，但其算法的实现相对 iGSO 算法较复杂。除此之外，表 5.6 显示出 iGSO 算法最终求得的机械变量设计方案没有违反任何约束条件。因此 iGSO 算法不仅对约束优化测试函数有效，而且可以用于实际的工程应用。

表 5.6　测试实例最优设计方案

测试问题		实验结果
Himmelblau's 函数	最优解	(78, 33, 29.995 9, 44.998 7, 36.774 6)
	约束值	(92, 98.840 9, 20)
压力容器	最优解	(0.812 5, 0.437 5, 42.098 4, 176.636 6)
	约束值	(0, −0.035 9, 0, −63.363 4)
压缩弹簧	最优解	(0.051 7, 0.356 8, 11.286 2)
	约束值	(0, 0, −4.053 9, −0.727 7)
焊接悬臂梁	最优解	(0.205 709, 3.448 4, 9.036 6, 0.205 7)
	约束值	(−0.000 9, −0.000 7, −3.960 1, −3.435, −0.080 7, −0.235 5, −0.000 3)

为验证 iGSO 算法的收敛速度，由于没有上述比较算法的源程序，因此，本节将 iGSO 同 iPSO 和 iGA 这两个算法进行了对比。iPSO 和 iGA 分别是指将 iGSO 算法的约束处理方法附加在标准的 PSO 算法和 GA 上。对于压缩弹簧测试实例，iGA、iPSO 和 iGSO 三个算法优化的结果分别是 0.015 892、0.013 442 及 0.012 664；对于压力容器测试实例，iGA、iPSO 和 iGSO 三个算法优化的结果分别是 6924.1653、6311.9632 及 6059.7143。从实验数据上看，iGSO 算法的优化性能优于另外两个算法的优化结果。图 5.5 给出了三个算法优化这两个实例的进化曲线。同 iPSO 和 iGA 相比，iGSO 算法的最优解值优化性能并不突出，但它具有较高收敛速度，即可以以最快速度找到最优解，在时间特性上有了比较好的改善。

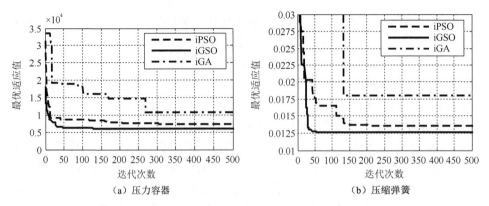

图 5.5　两个机械设计实例的收敛曲线比较图

参 考 文 献

[1]　Brockmann J, Barnard C J. Kleptoparasitism in birds. Animal Behaviour, 1979, (27): 546-555.

[2]　Giraldeau L A, Beauchamp G. Food exploitation: searching for the optimal joining policy. Trends in Ecology & Evolution, 1999, 14(3): 102-106.

[3]　Carpenter R H S. Eye Movements. London: Macmilan, 1991.

[4]　Liversedge S P, Findley J M. Saccadic eye movements and cognition. Trends in Cognitive Sciences, 2000, 4: 6-14.

[5]　O'Brien W J, Evans B I, Howick G L. A new view of the predation cycle of a planktivorous fsh, white crappie(pomoxis annularis). Canadian Journal of Fisheries & Aquatic Sciences, 1986, 43: 1894-1899.

[6]　Homaifar A, Lai S H Y, Qi X. Constrained optimization via genetic algorithms. Simulation, 1994, 62(4): 242-254.

[7]　Joines J, Houck C. On the use of non-stationary penalty functions to solve nonlinear constrained optimization problems with GA's. In the Proceedings of the First IEEE Conference on Evolutionary Computation, Orlando, FL, USA, 1994: 579-584.

[8]　Michalewic Z, Attia N F. Evolutionary optimization of constrained problems. In the Proceedings of the 3rd Annual Conference on Evolutionary Programming, 1994: 98-108.

[9]　Bean J C, Hadj-Alouane A B. A Dual Genetic Algorithm for Bounded Integer Programs. Technical Report TR 92-53, Department of Industrial and Operations Engineering, The University of Michigan, 1992.

[10]　Hadj-Alouane A B, Bean J C. A genetic algorithm for the multiple-choice integer program. Operations Research, 1997, 45: 92-101.

[11]　Coello C A C. Constraint-handling using an evolutionary multiobjective optimization technique. Civil Engineering & Environmental Systems, 2000, 17: 319-346.

[12]　Coello C A C. Use of a self-adaptive penalty approach for engineering optimization problems. Computers in Industry. 2000, 41(2): 113-127.

[13]　Gen M, Cheng R. Genetic Algorithms & Engineering Design. New York: Wiley, 1997.

[14]　Himmelblau D M. Applied Nonlinear Programming. New York: McGraw-Hill, 1972.

[15]　He Q, Wang L. An effective co-evolutionary particle swarm optimization for constrained engineering design problems. Engineering Applications of Artificial Intelligence, 2007, 20(1): 89-99.

[16]　Mezura-Montes E, Coello C A C, LandaBecerra R. Engineering optimization using a simple evolutionary algorithm. In the Proceedings of the 15th IEEE International Conference on Tools With Artificial Intelligence, Sacramento, C A, USA, 2003: 149-156.

[17]　Coello C A C, Mezura-Montes E. Constraint-handling in genetic algorithms through the use of dominance-based tournament selection. Advanced Engineering Informatics, 2002, 16(3): 193-203.

[18]　Coello C A C. Theoretical and numerical constraint-handling techniques used with evolutionary algorithms: a survey of the state of the art. Computer Methods in Applied Mechanics and Engineering, 2002, 191(11-12): 1245-1287.

[19]　Parsopoulos K E, Vrahatis M N. Unified particle swarm optimization for solving constrained engineering optimization problems. Lecture Notes of Computer Science, 2005, 3612: 582-591.

[20]　Ray T, Liew K M. Society and civilization: an optimization algorithm based on the simulation of social behavior. IEEE Transactions on Evolutionary Computation, 2003, 7(4): 386-396.

第6章 车辆路径问题应用研究

6.1 车辆路径问题

6.1.1 车辆路径问题介绍

车辆路径问题（vehicle routing problem，VRP）是物流配送优化系统中的关键一环，最早由线性规划大师 Dantzig 和 Ramser 于 1959 年提出[1]。VRP 一般可以定义为对一系列给定的客户（送货点或取货点），确定适当的配送车辆行驶路线，使车辆从配送中心出发，有序地通过它们，最后返回配送中心，并在满足一定的约束条件（如货物需求量、发送量、车辆容量限制、行驶里程限制、时间限制等）下，达到一定目标（如路程最短、费用最少、时间尽量少、使用车辆数尽量少等）。图 6.1 为单一配送中心的车辆路径示意图。

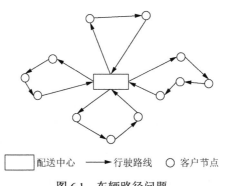

☐ 配送中心　　——→ 行驶路线　　○ 客户节点

图 6.1 车辆路径问题

现实生产和生活中，邮政投递问题和飞机、铁路车辆、水运船舶、公共汽车的调度问题以及电力调度问题等都可以抽象为车辆路径问题。合理解决车辆路径问题，不仅可以简化配送程序、降低配送的空载率、减少配送次数，尤为重要的是可以降低现实世界的交易成本，带来更大的经济效益，而且可加快对客户需求的响应速度，提高服务质量，增强客户对物流环节的满意度等。因此，如何合理安排车辆路径问题就显得更加重要，研究车辆路径问题的算法具有重要的实际意义。根据物流配送需要的不同，VRP 现已衍生出众多模型[2]，如带时间窗问题、满载和非满载问题及单车型和多车型问题等。在对车辆路径问题的计算复杂性进行综述和分析的基础上，Savelsbergh 证明了几乎所有类型的车辆路径问题均为 NP 难问题[3]。

6.1.2　问题复杂性

问题的复杂性即指问题本身的复杂程度，其可以定义为解决该问题且复杂性最低的算法的复杂性。算法复杂性包括时间复杂性和空间复杂性。将实例通过某种规则编码后输入计算机所占用的字节数称为该实例的输入长度。对每一个可能的输入长度，算法解此输入长度的最坏可能实例所需的基本运算次数（如加法、乘法、比较等）称为该算法的时间复杂性（函数）。假设求解某个问题的实例 I 的算法的基本计算总次数 $C(I)$ 是实例输入长度 $d(I)$ 的一个函数，这个函数被另一个函数 $g(x)$ 控制，即存在一个函数 $g(x)$ 和一个常数 a，使得

$$C(I) \leqslant ag(d(I)) \tag{6.1}$$

式（6.1）表示算法在求解实例 I 时，所用的基本计算总次数可以被一个函数值 $g(d(x))$ 控制。$g(x)$ 的函数特性决定了基本计算总次数的性能。

定义：假设问题和解决该问题的一个算法已经给定，若给定该问题的一个实例 I，存在多项式函数 $g(x)$ 使得式（6.1）成立，我们称该算法对实例 I 是多项式时间算法。而且，如果存在 $g(x)$ 为多项式函数且对该问题任意的一个实例 I，都有式（6.1）成立，则称该算法为解决该问题的多项式时间算法，那么这个问题的时间复杂度就可以定义为是多项式阶的。

由于组合优化问题求解的复杂性，并不是所有组合优化问题的时间复杂度都是多项式阶的。运筹学家将那些迄今为止还没有找到能求得最优解的多项式时间算法的组合优化问题称为 NP 难问题。随着 NP 难问题的规模逐渐增大，搜索空间中可能解的数目会以指数爆炸式增长。因此，经典数学方法，如分支定界法、松弛法、割平面法、外部近似法等都不可避免地具有"维数灾难"问题。在实践中，为了避免计算时间上的爆炸式激增，通常采用强行中止的方法，然后以当前找到的最好解作为问题的最优解。对经典数学优化方法强制中止，会导致该类方法虽然理论上是可进行全局寻优的，然而实际上只能对解空间的很小一部分进行搜索，得到的仅仅是某一很小的局部范围内的最优解。另外，NP 难问题通常具有局部极值点多、不可微、不连续、多维、有约束条件、高度非线性等特点。

6.1.3 带容量约束的车辆路径问题数学模型

带容量约束的车辆路径问题（capacity vehicle routing problem，CVRP），是所有车辆调度问题中最基本的问题。此模型中仅对车辆的载重进行了限制。CVRP可简单描述为中心仓库有 $K(k=1,2,\cdots,K)$ 辆车要为 $L(i=0,1,2,\cdots,L)$ 个客户服务，$i=0$ 表示中心仓库，每辆车的承载能力均为 Q，客户 i 的需求量为 q_i，$q_0=0$。问题的要求是求解分派车辆从仓库出发并回到仓库的一组行车路线，各车辆不能超载，并使总费用 c_{ij} 最少，如时间、路程和花费等。c_{ij} 表示点 i 到点 j 的运输成本。CVRP 数学模型描述如下。

（1）定义变量

$$x_{ijk}=\begin{cases}1, & 车辆 k 从点 i 行驶到 j\\0, & 否则\end{cases}$$

$$y_{ki}=\begin{cases}1, & 点 i 的任务由车辆 k 完成\\0, & 否则\end{cases}$$

（2）目标函数：

$$\min Z=\sum_{k=1}^{K}\sum_{i=1}^{L}\sum_{j=1}^{L}c_{ij}x_{ijk}$$

（3）车辆容量约束：

$$\sum_{i=1}^{L}q_iy_{ki}\leqslant Q,\ i=1,2,\cdots,L;\ \forall k$$

（4）每个仓库都要求被访问：

$$\sum_{k=1}^{k}y_{ki}=1,\ i=1,2,\cdots,L$$

（5）每个仓库仅被一辆车访问：

$$\sum_{i=1}^{L}x_{ijk}=y_{kj},\ j=0,1,2,\cdots,L;\ \forall k$$

$$\sum_{j=1}^{L}x_{ijk}=y_{ki},\ i=0,1,2,\cdots,L;\ \forall k$$

（6）消除子回路：

$$X=(x_{ijk})\in S$$

（7）变量取值范围：

$$x_{ijk}=0 或 1,\ y_{ki}=0 或 1,\ i,j=0,1,\cdots,L;\ \forall k$$

6.1.4　带时间窗车辆路径问题描述

随着现在人民生活水平的提高，消费观念也正在发生转变，消费者要求商家提供便捷、周到的服务，对商品配送提出了更高的要求。在配送过程中，如果客户要求在一定的时间范围内被访问，则配送路径问题就成为带时间窗的车辆路径问题（vehicle routing problem with time windows，VRPTW）。VRPTW 在 CVRP 基础上加入了时间窗约束，即每个客户有最早的服务时间和最迟的服务时间作为约束条件。时间窗的加入使此问题更贴近实际情况，且求解难度增大很多。有时间窗约束的 VRP 不仅问题本身是 NP 难问题，甚至在车队数量固定时，找一个可行解也是 NP 难问题。

车辆路径的时间窗分为两类：软时间窗和硬时间窗。软时间窗指配送车辆如果无法将货物在特定的时段内送到客户手中，则必须按照违反时间的长短施以一定的罚金或其他惩罚；硬时间窗指配送车辆必须在规定时间段内将配送货物送到客户手中，客户拒绝接受在此时间段之外提供的服务。

本书考虑的都是硬时间窗问题。基于 CVRP，VRPTW 中的客户 i 允许服务的时间窗为 $[a_i, b_i]$，服务时间为 t_{ij}，s_{ik} 为车辆 k 到达客户 i 的时间，则 $s_{ik} \in [a_i, b_i]$。VRPTW 的数学模型基于 CVRP 数学模型增加了时间窗的约束条件：

$$s_{ik} + t_{ij} - K(1 - x_{ijk}) \leqslant s_{jk}, \quad i=1, 2, \cdots, L; \ j=1, 2, \cdots, L; \ k=1, 2, \cdots, K \quad (6.2)$$

$$a_i \leqslant s_{ik} \leqslant b_i, \quad i=1, 2, \cdots, L; \ k=1, 2, \cdots, K \quad (6.3)$$

式（6.2）表示若车辆 k 正在从客户 i 到客户 j 的途中，它不能先于时间 $s_{ik} + t_{ij}$ 到达客户 j，K 是个较大系数。式（6.3）表示车辆行驶过程中的时间窗约束。

6.2　求解 CVRP 的两阶段遗传算法

6.2.1　算法描述

6.2.1.1　个体编码

编码是应用进化算法时需解决的首要问题。车辆路径问题是一种基于次序的组合优化问题。为减少无效解的生成，本书对染色体采用自然数编码，即序数编码方式。假设配送中心有车辆 K 台，客户点 L 个，采用增加 $K-1$ 个虚拟配送中心

形成一条长为 $K+L-1$ 的染色体编码。增加虚拟中心的作用是要把自然数编码分为 K 段，形成 K 个子路径，表示由 K 辆车完成所有运输任务。路径中的元素值的大小顺序表示每个客户点在总路径中的配送次序，这样染色体即可与最终解对应。

　　例如：设一个 VRP 中客户点的任务数为 8，配送中心的车辆数为 3。某染色体 X 的向量长度为 8+3-1=10。向量中的前 8 个分量代表 8 个客户，后两个代表虚拟配送中心。首先为这 10 个分量分别赋予随机性的实数值，然后按 X 元素值的大小顺序重新对 X 进行排序，接下来按各分量的大小顺序将其分量序号重新进行排列，最后将虚拟配送中心去掉即可生成相应的三辆车的配送路径方案。编码过程如图 6.2 所示。

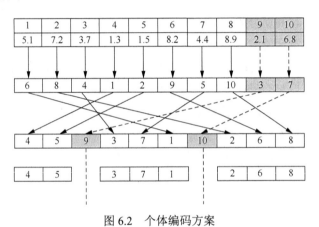

图 6.2　个体编码方案

6.2.1.2　评价函数

　　评价染色体优劣的标准是计算适应值函数。对于带容量约束的车辆路径问题，由于有容量约束的限制，因此在计算目标函数的同时必须考虑约束条件。本书采取最简单的约束条件处理方法——罚函数法，即直接将目标函数和约束函数放在一起作为评价染色体的适应度函数。带容量约束的车辆路径问题的适应度函数如下所示：

$$\min\text{mize} \sum_{k=1}^{K}\sum_{i=0}^{L}\sum_{j=0}^{L}c_{ij}x_{ijk} + M\sum_{k=1}^{K}\max\left\{\sum_{i=1}^{L}g_{i}y_{ki}-q, 0\right\} \tag{6.4}$$

式中，M 为一个较大数值。当车辆容量超过限定值时，在原目标函数基础上增加很大的罚金成本。这样，不可行解会赋予极大的适应值，并会在优化迭代过程中逐渐被淘汰。

6.2.1.3　邻域搜索

基于问题的初始解，本书利用两种不同类型的邻域生成机制生成当前解的邻域解，然后根据目标函数对邻域解进行评价，如果某个体的邻近解比当前解更优，则用此解取代当前解。通过邻域搜索可以深入搜索当前解的邻近空间，找到相对当前解使目标函数更优的解，最终实现对解的优化。下面分别说明这两种邻域机制的原理，现假设某货运中心有 10 个客户点，共有 3 辆车可为它们服务，每辆车的服务路径可称为整个配送方案子路径。路径交换方法是指通过交换分别来自两个不同配送方案的两个子路径来改进这两个方案的性能。路径内交换方法是指通过交换来自同一配送方案的不同子路径内的客户来重新生成新的配送方案以改进当前方案的性能。

1. 路径交换

（1）选取两个可行个体作为两个配送方案，分别在两个方案中随机确定需要交换的子路径。如图 6.3 所示的两个配送方案，方案 1 交换子路径 1，方案 2 交换子路径 3。

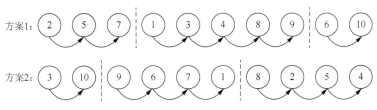

图 6.3　随机确定需要交换的子路径

（2）交换已选定的两个子路径。如图 6.4 所示，方案 1 的子路径 1 直接采用方案 2 的子路径 3，同理，方案 2 的子路径 3 直接用方案 1 的子路径 1 替换。

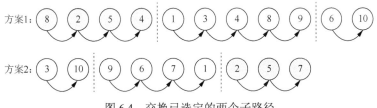

图 6.4　交换已选定的两个子路径

（3）消除需求重复。如图 6.5 所示，保持替换子路径不变，将原方案 1 中与替换子路径中相同的需求去除（如 4 和 8），将原方案 2 中与替换子路径中相同的需求去除（如 7）。

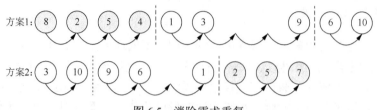

图 6.5　消除需求重复

（4）将未安排需求按要求重新插入配送方案中。方案 1 的需求 7 还未服务，首先试着将它安排到子路径 1 中，如果插入，则子路径 1 的负载就会超过限定要求，故放弃插入到子路径 1，继续试着将它安排到子路径 2 中。如果插入到子路径 2，此子路径的负载还未超过限定要求，则正式将需求 7 插入子路径 2，这样就重新生成了一个新的配送方案 1，如图 6.6 所示。

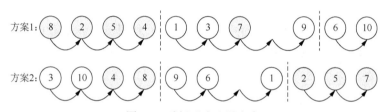

图 6.6　重新形成配送方案

2. 路径内交换

（1）选取一个可行个体作为配送方案，随机选取两个不同的子路径，并在这两个子路径中随机选取某个要交换的客户点。如图 6.7 所示，此方案要将子路径 1 中的第二个服务点客户 5 与子路径 2 中的第四个服务点客户 8 交换。

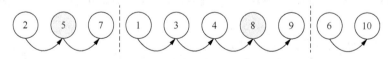

图 6.7　选择要交换的客户点

（2）交换已选定的两个客户，重新生成新的配送方案，如图 6.8 所示。

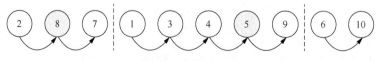

图 6.8　交换客户点

6.2.2　算法实现步骤

步骤 1：初始化，包括种群规模值 S、交叉概率 P_c、变异概率 P_m、最大迭代次数 $T_{\max}$。随机产生群体规模为 S 的初始群体。群体中包括 S 条染色体，每条染色体长度为 $K+L-1$。每条染色体都代表一个配送方案，然后对初始种群进行编码。

步骤 2：选择。计算染色体适应度，并对群中的染色体按适应值进行线性排列，然后采用轮盘赌方法选择染色体。

步骤 3：交叉。将群中的染色体进行两两顺序配对，执行单点交叉操作。

步骤 4：变异。群中的染色体执行单点变异操作。

步骤 5：路径交换。随机地对群中的两个可行路径执行路径交换策略。

步骤 6：路径内交换。群中的每条染色体执行随机路径内交换策略。

步骤 7：计算当前群中所有染色体适应度 $f(X)$，最优路径 X_g 设置为当前群中的最优个体。

步骤 8：最后检查是否满足算法终止准则，如果满足，结束搜索，输出最优路径，否则返回步骤 2 继续下一次迭代。

6.2.3　算法时间复杂度分析

算法的时间复杂度是一个算法运行时间的相对量度，用它来衡量一个算法的运行时间性能（或称计算性能）。对于种群规模为 P、迭代次数为 N、问题规模为 L 的问题，用标准遗传算法解决 CVRP 时，从两阶段遗传算法的流程可以看出，算法的计算时间主要花费在迭代过程中，且每次迭代都要经过适应度调整、选择、交叉、变异及路径调整，因此算法的计算复杂度可以分析如下。

步骤 1 初始化种群：$O(PL)$。

步骤 2 计算目标值：$O(PL^2)+O(PL)$。

步骤 3 适应度值调整及排序：$T(P)=P+2P^2=O(P^2)$。

步骤 4 轮盘赌选择：$T(P)=P^2+P^2=2P^2=O(P^2)$。

步骤 5 交叉操作：$T(P)=p_c p/2=O(P)$。

步骤 6 变异操作：$T(P)=PL+PL+p_m PL=(p_m+2)PL=O(PL)$。

步骤 7 计算目标值：$O(PL^2)+O(PL)$。

步骤 8 路线内调整：$O(P)$。

步骤 9 路线间调整：$O(P)$。

步骤 10 计算目标值：$O(PL^2)+O(PL)$。

步骤 11 群体最优路径选择：$O(P)$。

算法总的时间复杂度为

$$
O(PL) + O(PL^2) + O(PL) + N \times (O(P^2) + O(P^2) + O(P) + O(PL)
$$
$$
+ O(PL^2) + O(PL) + O(P) + O(P) + O(PL^2) + O(PL) + O(P))
$$
$$
= 2O(PL) + O(PL^2) + N \times [2 \times O(P^2) + 4 \times O(P) + 3 \times O(PL) + 2 \times O(PL^2)]
$$
$$
= (2 + 3N) \times O(PL) + (1 + 2N) \times O(PL^2) + 2N \times O(P^2) + 4N \times O(P)
$$
$$
\approx N \times O(PL) + N \times O(PL^2) + N \times O(P^2) + N \times O(P)
$$
$$
\approx N \times [O(PL^2) + O(P^2)]
$$

从上式可以看出，问题规模、种群规模和迭代次数都影响计算时间。虽然算法的时间复杂度增加了，但其算法计算量和一般的启发式算法在一个量级，没有发生根本的改变，因此计算时间不会增加很多，是一个可以进行实例优化的算法。

6.2.4 实验研究及讨论：小规模测试实例

1. 测试实例

某公司有 1 个配送中心和 8 个客户点（编号为 1,2,…,8），现要用 2 辆车完成货物配送任务。客户间的距离及配送中心与客户间距离如表 6.1 所示，单位运输成本和车速均为 1，各客户点需求量也由表 6.1 给出，车载重量为 8 吨[4]。

表 6.1　客户间距离及运输需求

C	0	1	2	3	4	5	6	7	8
0	0	4	6	7.5	9	20	10	16	8
1	4	0	6.5	4	10	5	7.5	11	10
2	6	6.5	0	7.5	10	10	7.5	7.5	7.5
3	7.5	4	7.5	0	10	5	9	9	15
4	9	10	10	10	0	10	7.5	7.5	10
5	20	5	10	5	10	0	7	9	7.5
6	10	7.5	7.5	9	7.5	7	0	7	10
7	16	11	7.5	9	7.5	9	7	0	10
8	8	10	7.5	15	10	7.5	10	10	0
D		1	2	1	2	1	4	2	2

2.　参数设置

本章用两阶段遗传算法（GA2）、标准遗传算法（GA）、两阶段粒子群优化算法（PSO2）和标准粒子群算法（PSO）四个算法对上述问题进行求解并比较。

参数设置如下。

（1）四个算法的种群规模值 $S = 50$。

（2）最大迭代次数 $T_{max} = 3000$，每个算法独立运行 30 次。

（3）GA 和 GA2：交叉概率 $P_c = 0.7$，变异概率 $P_m = 1/S$。

（4）PSO 和 PSO2：惯性权重 $w = 0.4$，学习因子 $c_1 = 1$，$c_2 = 1.49$。

GA2 和 PSO2 是指算法在第一阶段分别利用其基本算法在全局空间搜索最优路径，在第二阶段均利用本章 6.2.1 节中的邻域策略在局部空间进行精确搜索。

3.　实验结果

四个算法对小规模 CVRP 的测试结果和最优配送路径如表 6.2 所示，收敛过程如图 6.9 所示。从表 6.2 中可以看出，对于 CVRP，四个算法都可以求出问题的最优解和最优路线，与已知的最优结果一致。但在 30 次运行中，GA2 的成功率最高，为 13/30=43%；PSO2 次之；GA 较弱；PSO 最差，为 2/30=7%。从图 6.9 的平均最优解随进化代数的变化情况中可以看出，四个算法优化性能排序为 GA2>PSO2>GA>PSO，即两阶段遗传算法的全局搜索能力最强，两阶段粒子群算法次之，然后是标准遗传算法，标准粒子群算法最弱。

表 6.2　实验结果

值	GA2	GA	PSO2	PSO
最小值	67.5（13）	67.5（8）	67.5（4）	67.5（2）
最大值	72	75.5	73	74.5
平均值	68.99	70.09	70.02	70.56
标准差	1.2392	1.6026	1.3959	1.4591
最优解值	车 1：0→2→8→5→3→1→0　　车 2：0→6→7→4→0			

注：括号中数据表示搜索到最优解的次数，后同

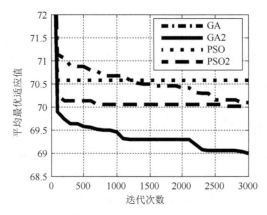

图 6.9　收敛曲线比较图

4. 参数分析

　　基于此实例,本节分别讨论种群规模、迭代次数对于两阶段遗传算法优化结果的影响。种群规模分别选取 5、10、20、50、100、200、300,迭代次数分别选取 50、100、200、500、1000、1500、2000、3000,随机运行 50 次,所得结果的均值如表 6.3 所示。当种群规模较小时,优化结果很差,且算法不稳定,有很大起伏。原因主要是种群规模小,缺少多样性,容易陷入局部极值点。随着种群规模的增大,算法的优化结果变好,且算法越来越稳定。但是当种群规模达到一定程度后,算法的优化结果趋于稳定,不再随着种群规模的增大而有明显变化。

表 6.3　参数分析

迭代次数	种群规模								标准差
	5	10	20	30	50	100	200	300	
50	779.86	229.51	71.17	71.20	70.70	70.06	69.68	69.40	249.1104
100	621.92	71.48	71.02	70.61	70.63	69.90	69.55	69.32	195.0077
200	229.13	71.08	70.78	70.16	70.41	69.86	69.40	69.16	56.2218
500	71.17	70.39	70.28	69.72	70.13	69.70	69.11	68.98	0.7155
1000	70.40	69.88	69.95	69.38	69.95	69.47	68.96	68.83	0.5387
1500	70.37	69.45	69.76	69.26	69.71	69.43	68.80	68.77	0.5252
2000	70.09	69.12	69.58	69.17	69.33	69.43	68.75	68.70	0.4513
3000	70.21	68.88	69.40	69.07	69.11	69.17	68.75	68.60	0.4971
标准差	288.0157	56.3886	0.6785	0.7696	0.5855	0.3007	0.3730	0.2959	—

　　从图 6.10 中可以看出,当迭代次数较小时,优化结果很差。随着迭代次数的

增加，优化结果越来越好。这是因为随着迭代次数的增加，算法可以更充分地在解空间进行搜索，对解空间了解得更清楚，这样能搜索到更好的解。但是当迭代次数达到一定程度，对于优化结果的提升有限，因此需要在优化结果和计算时间之间寻找一个平衡。

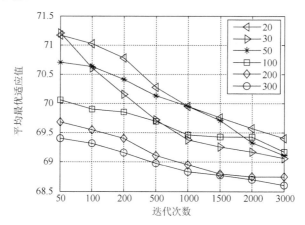

图 6.10　各参数收敛曲线比较图

6.2.5　实验研究及讨论：中等规模及较大规模测试实例

为了说明本书设计的改进遗传算法在求解带容量约束的车辆路径问题上具有普遍适用性，本书还对客户数量为中等规模和较大规模的 CVRP 进行了实验。测试算例采用国际通用 CVRP 标准实例库中的 5 个问题,每个实例的客户点数量、车辆数、约束容量和最小成本如表 6.4 所示。表 6.4 中的前三个测试问题为中等规模测试实例，后两个测试问题为大规模测试实例。

表 6.4　测试实例相关参数

测试问题	客户点数量	车辆数	约束容量	最小成本
P-n19-k2	18	2	160	212
E-n33-k4	32	4	8000	835
P-n55-k7	54	7	170	568
P-n76-k4	75	4	350	593
P-n101-k4	100	4	400	681

GA、GA2、PSO 和 PSO2 这四个算法的实验参数详见 6.2.4 节中的参数设置。表 6.5 列出了四个算法的测试结果。图 6.11 和图 6.12 分别是问题 P-n19-k2 的最优配送路径及四个算法最优解收敛曲线图，图 6.13 是问题 E-n33-k4 和 P-n55-k7 的最优配送路径。

表 6.5　测试实例实验结果

测试问题	GA2	GA	PSO2	PSO
P-n19-k2	212	235	265	303
E-n33-k4	835	864	908	1046
P-n55-k7	568	607	897	1036
P-n76-k4	633	645	763	954
P-n101-k4	701	745	845	831

从表 6.5 可以看出，对于中等规模问题，如 P-n19-k2、E-n33-k4 和 P-n55-k7，GA2 算法仍然有效，但当客户点数量非常多时，如 P-n76-k4 和 P-n101-k4，GA2 却很难求出最优配送方案。而其他三个算法对这五个测试问题的寻优性能都较差，均未求出最优解。因此，从发现最优解性能来看，GA2>GA>PSO2>PSO。

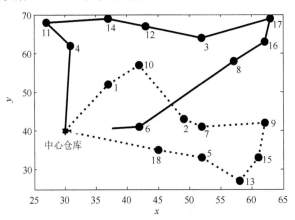

图 6.11　测试实例 P-n19-k2 的最优配送路径

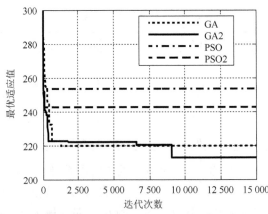

图 6.12　四个算法基于实例 P-n19-k2 的最优解收敛曲线比较图

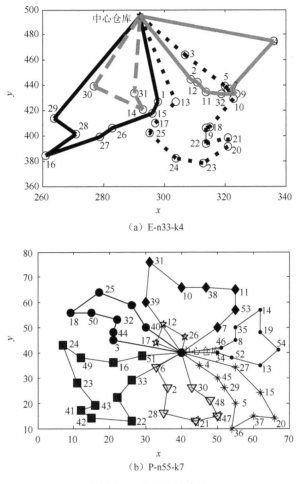

（a）E-n33-k4

（b）P-n55-k7

图 6.13　最优配送路径

6.3　求解 VRPTW 的生命周期群搜索算法

6.3.1　算法实现步骤

步骤 1：初始化，包括种群规模值 S、交叉概率 P_c、变异概率 P_m、最大迭代次数 T_{max}、混沌变量 S_c、惯性权重 w、车辆数 L、客户数 K。

步骤 2：随机产生种群规模为 S 的初始群体，每个个体都代表一个配送方案，其长度为 $K+L-1$。

步骤 3：对初始种群进行编码，并计算个体适应值。

对于带时间窗的车辆路径问题，由于有时间窗的限制，因此在计算目标函数的同时必须考虑约束条件。本书采取最简单的约束条件处理方法——罚函数法，即直接将目标函数和约束函数放在一起作为评价个体的适应度函数。带时间窗的车辆路径问题的适应度函数如下所示：

$$\text{min mize} \sum_{k=1}^{K}\sum_{i=0}^{L}\sum_{j=0}^{L} c_{ij}x_{ijk} + M\sum_{k=1}^{K}\max\left\{\sum_{i=1}^{L} g_i y_{ki} - q, 0\right\}$$
$$+\text{PE}\sum_{i=1}^{L}\max(a_i - s_i, 0) + \text{PL}\sum_{i=1}^{L}\max(s_i - b_i, 0) \tag{6.5}$$

式中，M 为一个较大数值，当车辆容量超过限定值时，在原目标函数基础上增加很大的罚金成本，这样不可行解会赋予极大的适应值，并会在优化迭代过程中逐渐被淘汰；PE 表示在 a_i 之前到达任务点 i 等待的单位时间成本；PL 表示在 b_i 之后到达任务点 i 的单位时间的罚金成本。若车辆在 a_i 之前到达点 i，则增加机会成本 PE$\times(a_i - s_i)$，若车辆在 b_i 之后到达点 i，则增加罚金成本 PL$\times(s_i - b_i)$。

步骤 4：更新全局极值。将初始种群中的最优个体 p_g 设置为全局初始极值。

步骤 5：群中最优个体执行混沌趋化操作，其他个体根据概率选择执行同化操作或换位操作。

步骤 6：对群中个体按适应值进行线性排列，然后采用轮盘赌法方法选择个体。

步骤 7：将群中的个体进行两两顺序配对，执行单点交叉操作。

步骤 8：群中的个体执行方向变异操作。

步骤 9：计算当前群中所有个体适应度 $f(X)$，最优路径 X_g 设置为当前群中的最优个体。

步骤 10：最后检查是否满足算法终止准则，如满足，结束搜索，输出最优路径，否则返回步骤 5 继续下一次迭代。

6.3.2 实验研究及讨论

1. 测试实例

某公司有 1 个配送中心和 8 个客户点（编号为 1,2,…,8），现要用 3 辆车完成货物配送任务。各客户间距离、配送中心与客户间距离、各客户点需求量及时间窗要求如表 6.6 所示。单位运输成本为 1，车速为 50，车辆载重量为 8 吨。

表 6.6 各发货点坐标、需求量、服务时间及时间窗要求

	0	1	2	3	4	5	6	7	8
0	0	40	60	75	90	200	100	160	80
1	40	0	65	40	100	50	75	110	100
2	60	65	0	75	100	100	75	75	75
3	75	40	75	0	100	50	90	90	150
4	90	100	100	100	0	100	75	75	100
5	200	50	100	50	100	0	70	90	75
6	100	75	75	90	75	70	0	70	100
7	160	110	75	90	75	90	70	0	100
8	80	100	75	150	100	75	100	100	0
需 求 量		2	1.5	4.5	3	1.5	4	2.5	3
服务时间		1	2	1	3	2	2.5	3	0.8
$[ET_i, LT_i]$		[1,4]	[4,6]	[1,2]	[4,7]	[3,5.5]	[2,5]	[5,8]	[1.5,4]

2. 参数设置

本部分用生命周期群搜索算法（LSO）、两阶段遗传算法（GA2）、标准遗传算法（GA）、两阶段粒子群算法（PSO2）和标准粒子群算法（PSO）五个算法对上述问题进行求解并比较。

参数设置如下。

（1）五个算法分别独立运行 30×15 000 次。

（2）种群规模为 50，算法初始解相同。

（3）LSO：个体觅食策略选择概率 P_f =0.1，混沌变量 S_c =100，交叉概率 P_c=0.7，变异概率 P_m=0.02。

（4）GA 和 GA2：交叉概率 P_c = 0.7，变异概率 P_m = 1/S。

（5）PSO 和 PSO2：惯性权重 w = 0.4，学习因子 c_1 = 1，c_2 = 1.49。

3. 实验结果

五个算法的实验结果及平均最优解收敛过程分别如表 6.7 及图 6.14 所示。

表 6.7　VRPTW 实验结果

值	LSO	GA	GA2	PSO	PSO2
最小值	910（29）	910（4）	910（3）	910（17）	910（20）
最大值	1×10^{10}	1×10^{10}	1×10^{10}	1×10^{10}	1×10^{10}
平均值	3.3333×10^{8}	8.6667×10^{9}	9×10^{9}	4.3333×10^{9}	3.3333×10^{9}

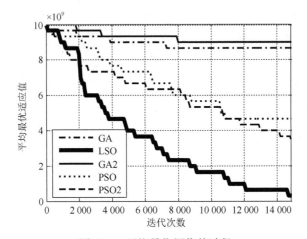

图 6.14　平均最优解收敛过程

从表 6.7 中可以看出，对于 VRPTW，在 30 次运行中，五个算法都计算出了问题的最优解，并与已知的最优结果一致。但在 30 次运行中，每个算法的成功率是不同的。LSO 算法运行 15 000 次后得到的 50 个微粒几乎都表现为相同的配送方案，仅有 1 次运行没有寻到最优解，达到最优解的概率为 29/30=97%，最终结果如下：总的路径长度为 910km，使用三辆车完成配送任务，其中第一辆车的配送线路为 0→3→1→2→0，离开配送中心时的实际装载量为 8 吨，实现满载，路径长度为 240km；第二辆车的配送线路为 0→8→5→7→0，离开配送中心时的实际装载量为 7 吨，满载率为 87.5%，路径长度为 405km；第三辆车的配送线路为 0→6→4→0，离开配送中心时的实际装载量为 7 吨，满载率为 87.5%，路径长度为 265km。PSO2 算法的寻优成功率也相对较高，为 20/30=67%，但其最快的一次寻优是第 21 次迭代，而 LSO 算法最快的一次寻优却只用了 5 次迭代。其他三个算法的寻优率都较差。从图 6.14 中可以看出，结合平均最优适应值随进化代数的变化情况，五个算法收敛性能排序为 LSO>PSO2>PSO>GA>GA2。此测试实例反映出 LSO 算法对于小规模的组合优化问题具有良好的全局优化能力。

参 考 文 献

[1]　Dantzig G B, Ramser J H. The truck dispatching problem. Management Science, 1959, 6: 80-91.

[2]　李军, 郭耀煌. 物流配送车辆优化调度理论与方法. 北京：中国物资出版社, 2001.

[3]　Savelsbergh M W P. Local search for routing problem with windows. Annals of Operations Research, 1985, 16(4): 285-305.

[4]　姜大立, 杨西龙, 杜文, 等. 车辆路径问题的遗传算法研究. 系统程理论与实践, 1999, 19(6): 44-45.

第 7 章　认知无线电应用研究

7.1　认知无线电

随着通信需求的不断扩大，多种电子设备在有限的地域内密集开设，使得频谱资源异常紧张，电磁兼容问题越来越突出。同时，在传统的静态频谱使用政策下，频谱资源的利用具有高度的不均衡性。一方面，一些非授权频段由于业务繁忙占用拥挤；另一方面，一些全球授权频段，尤其是信号传播特性比较好的低频的频谱利用率很低。在这种固定分配频谱的制度下，频谱资源的浪费很严重，利用率很低。

1999 年，"软件无线电之父"Joseph Mitola 博士首次提出了认知无线电（cognitive radio，CR）的概念并系统地阐述了 CR 的基本原理，其核心思想是使无线通信设备具有发现空闲频谱并合理利用的能力。不同的机构和学者从不同的角度给出了 CR 的定义[1-4]。

1. Mitola 博士对 CR 的定义

Mitola 博士认为，CR 是一种采用基于模式推理达到特定无线相关要求的无线电，可通过无线电知识描述语言，提高个人无线通信业务的灵活性，并根据自身通信需求，基于模式推理与无线电环境进行感知和智能交流。他认为软件无线电（software radio，SDR）是 CR 的理想平台，作为 SDR 的进一步延伸，CR 以 SDR 为基础，结合应用软件、认知和人工智能等，其认知功能的实现主要体现在应用层的学习和推理能力上，未涉及具有认知功能的物理层和数据链路层设计。

2. 美国联邦通信委员会对 CR 的定义

美国联邦通信委员会（Federal Communications Commission，FCC）从频谱管理角度认为，CR 能够通过与工作环境交互，改变发射机参数的无线电设备，主体是 SDR，但认知设备不一定必须具有软件或现场可编程要求。认知无线电终端通过与通信环境交互获取无线背景知识，继而调整传输参数，最终实现无线传输能力。FCC 关注认知无线电如何提高频谱利用率。

3. Haykin 对 CR 的定义

Haykin[3]从信号处理角度认为 CR 是一个无线智能通信系统，能感知外界环境，并利用人工智能从环境中学习，通过实时改变操作参数，使其内部状态适应可用信道的统计变化，最终实现在任何时间、任何地点的高度可靠通信并对频谱资源进行合理利用。他总结了 CR 的三个关键问题：无线环境分析、信道状态估计及预测建模、发射功率控制与动态频谱管理。

4. IEEE 对 CR 的定义

IEEE 定义 CR 是能感知外部环境的智能无线通信技术，能从环境中学习，并根据环境变化动态调整其内部状态，以获得预期目的。其认知功能可以采用人工智能或简单控制机制实现。

5. Rieser 对 CR 的定义

Rieser[5]定义 CR 采用基于遗传算法的生物启发认知模型对传统无线电系统的物理层和媒体接入控制层（PHY+MAC）的演进过程建模。

上述观点从不同角度阐述 CR 的内涵，各有偏重、相互补充。FCC 强调认知终端，Haykin 强调信号处理，IEEE 强调智能控制，Rieser 强调认知引擎。

归纳起来，认知无线电能够主动感知战场电磁环境，并不断地学习归纳，动态地利用频谱资源，对信息进行智能化的传输。因此，认知无线电技术能大大提高战场无线通信的性能和可靠性，具体体现在通信容量、频谱利用率、抗干扰能力等方面。同时，由于认知无线电设备能够主动感知战场电磁环境并对接收信号进行识别，因此可以一边进行电磁频谱侦察，一边快速释放或躲避干扰，实现传统无线通信设备所不具备的电子对抗功能。

从以上介绍可以看出，认知无线电系统通过实时的感知和学习，不断地自适应调整其自身内部的通信机理来适应无线通信环境变化，最大程度地提高频谱资源的利用率。由此可以总结出认知无线电具有以下特点。

（1）对无线通信环境的感知能力。

（2）对环境变化的学习和自适应能力。

（3）系统功能模块的可重配置能力。

（4）通信质量的高可靠性。

（5）对频谱资源的充分利用。

7.2 认 知 引 擎

7.2.1 认知引擎介绍

认知引擎是实现认知无线电智能性的关键所在，认知引擎通过感知模块获得环境信息，基于用户服务需求和频谱规则指导物理层重构和高层优化，并将优化结果作为学习经验，指导新业务优化，实现认知循环中的感知、学习和决策任务。

目前对于认知引擎的具体实现还不多，而且仅实现了物理层和数据链路层的认知与优化。在现有的认知引擎中，比较典型的是美国弗吉尼亚工学院的无线通信中心和美国国防部通信科学实验室研究开发的认知引擎。

1. VT-CWT 认知引擎

美国弗吉尼亚工学院的研究人员提出了一种通用 CR 架构[5,6]。如图 7.1 所示，认知引擎被设计为独立于传统电台的单独模块，通过对用户域、无线域以及政策域信息的认知，来优化控制整个无线通信系统。

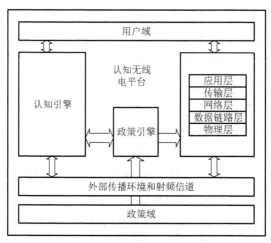

图 7.1 VT-CWT 通用认知无线电架构

在这个通用架构中，CR 有三个输入域。用户域负责将应用与服务的性能需求如时延、传输速率等服务质量（QoS）要求输入认知引擎；无线域是无线电台发射与接收所涉及的外部传播环境与射频信道条件等，它对于决策优化和波形选择非常重要；政策域负责无线电所处环境的频谱资源分配与市场准入政策的输入，是通过政策引擎的解释与管理后输入的。

研究人员认为，CR 为了适应特定的频谱环境，需要对波形的诸多参数进行调整，比如频率、功率、调制方式、带宽、编码方式、编码速率等，因此，CR 适应无线环境的过程是一个多目标优化的过程，而遗传算法是解决多目标优化问题的有效算法。基于上述通用 CR 架构，美国弗吉尼亚工学院的研究人员利用遗传算法设计了如图 7.2 所示的基于遗传算法的 VT-CWT 认知引擎。

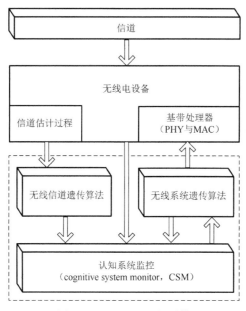

图 7.2　VT-CWT 认知引擎

VT-CWT 认知引擎包括无线信道遗传算法模块、认知系统监控模块和无线系统遗传算法模块。无线信道遗传算法模块实现无线信道和射频环境的数学建模。认知系统监控模块负责检测通信状况，决定系统是否需要重构，并执行学习推理算法，为无线系统遗传算法提供初始参数。无线系统遗传算法模块执行多目标遗传算法，获得优化方案。无线电设备除射频及转换电路外，信道估计器为无线信道遗传算法提供信道统计信息，基带处理器实现基带信号参数配置。

2. DoD-LTS 认知引擎

美国国防部通信科学实验室设计了 DoD-LTS 认知引擎[7]，如图 7.3 所示。此引擎设计初衷是为认知无线电增加认知引擎与软件无线电平台之间的良好应用程序接口。认知引擎包括知识库、推理引擎与学习引擎，目的在于驱动软件无线电重构。知识库存储"外部"信息（噪声功率、信噪比）、"内部"信息（调制方式、编码方式）和运行规则。决策功能由推理引擎和学习引擎实现，推理引擎根据目标函数从知识库中提取行动方案，学习引擎从经验中获取知识，提供新的解决方案。

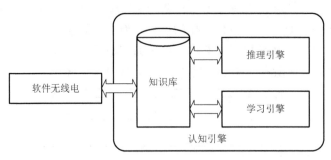

图 7.3 DoD-LTS 认知引擎

7.2.2 认知引擎 AICE

本书设计了基于人工智能的认知引擎（artificial intelligence cognitive engine，AICE），其结构如图 7.4 所示。在 AICE 外围包括用户域、无线域、政策域和知识域[2-4]。在 AICE 内部，包括用于全面实现认知无线电智能的三个模块：推理、学习和决策。这三个模块之间相互联系，共同实现认知无线电的基本功能。

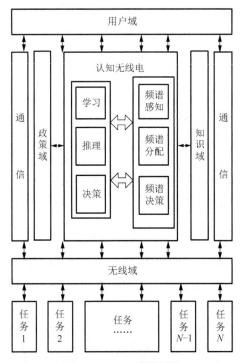

图 7.4 AICE 结构框架

（1）用户域负责将应用与服务的性能需求，如时延、传输速率等 QoS 要求输入认知引擎。

（2）无线域是无线电台发射与接收所涉及的外部传播环境与射频信道条件等，它对于决策优化和波形选择非常重要。

（3）政策域负责无线电所处环境的频谱资源分配与市场准入政策的输入，是通过政策引擎的解释与管理后输入的。

（4）知识域包括无线环境、内部工作参数等短期知识，也包括规则库、案例库等长期知识，是认知引擎进行推理与学习的基础。

（5）学习模块包括对过去行为及执行结果的知识积累，学习使得知识库不断充实，以提高认知无线电未来推理的效能。

（6）推理模块是根据知识库中已有的知识和当前计划进行决策的过程。

（7）决策模块用于进一步提高参数配置的性能，以使得用户服务需求最大化。

1. 学习模块

学习模块是重新组织已有的知识结构使之不断改善自身性能的功能模块。常用的学习方法主要有神经网络、强化学习、贝叶斯学习等。

（1）人工神经网络具有自学习和自适应的能力，可以通过预先提供的一组输入、输出数据，分析掌握二者之间潜在的规律，根据这些规律，用新的输入数据来推算输出结果。人工神经网络因其动态自适应性，可用来学习非线性系统的复杂模式及属性，已被用来解决认知无线电中频谱感知、信号分类以及自适应配置参数等问题。

（2）强化学习可以在没有训练序列的情况下应用，其目标是使长期的在线性能最大化。因此，它适用于认知无线网络的学习，例如未授权用户用强化学习的方法探索可能的传输策略同时发掘相关知识，通过调整传输参数，达到限定条件下的目标，如干扰温度受限的最大化吞吐量目标。

（3）贝叶斯学习利用样本信息的后验概率和参数的先验概率求出总体概率，是一种直接利用概率实现学习和推理的方法。贝叶斯学习可以根据过去的经验提高未来的决策能力，在通信系统中可用于问题的抽取、收集和存储。

2. 推理模块

在认知引擎中，推理模块根据短期知识库的内容，进入长期知识库进行匹配，选择合适的中间结果再放入短期知识库，如此重复进行多次，直到得到最终结果。推理模块主要包括基于规则的推理和基于案例的推理。

（1）基于规则的推理（rule-based reasoning，RBR）系统执行简单，只要正确全面地将领域知识编为规则，无线电就可以根据输入快速地输出动作。但对规则的准确性和完备性要求较高，如果领域知识没有被很好地表达，就会得到错误的推理结果，且当系统处理复杂问题时，规则之间容易发生冲突，影响系统正常运行。

（2）基于案例的推理（case-based reasoning，CBR）是根据已经掌握的一些问题的解决方法来获取相似的新问题的解决方法。应用 CBR 的认知无线电系统可以不断地学习和适应新环境，无需领域知识，认知无线电就能够具备自学习的能力。

3. 决策模块

决策模块通过学习推理得到初步参数配置后，需要对参数进一步优化，从而获得满足多目标需求的最终参数配置。然而，传输环境的时变特性、服务需求的多变性及较大的优化参数搜索空间都使得认知引擎的优化问题变得很复杂。同时，目标函数之间的制约性、工作参数之间的依赖性，使得搜索范围增大，增加了优化的计算复杂度。认知无线网络的认知用户（次用户）可以在不影响授权用户（主用户）的情况下，使用授权用户的空闲频谱，并根据信道环境和用户服务需求的变化自适应地调整传输参数（如传输功率、调制方式等）以提高空闲频谱的使用性能（如更大化传输速率、更小化传输功率等），从而达到最佳工作状态。因此这是一个多目标优化问题。

在众多的优化方法中，集群智能是受生物界自然现象启发或在其过程中获得灵感研究开发出的智能计算模型，如遗传算法、粒子群优化算法、蚁群等算法。由于这类方法具有无需问题特殊信息等优点，因此适用于 CR 的参数配置问题。

7.3　集群智能在认知无线电中的应用

7.3.1　频谱感知

频谱感知是认知无线电中的第一环，其核心思想就是在不对其他用户造成干扰的前提下，使无线通信设备具有发现"频谱空穴"并合理利用的能力。为了使未授权用户可靠地感知并有效地使用"频谱空穴"，并不对授权用户造成干扰，多种多样的频谱感知方法应运而生。以检测地域或检测点数划分，频谱感知可分为本地检测和多点协作检测，本地检测可分为主用户发射端检测和主用户接收端检测。以主用户发射端检测方法划分，主要分为能量检测、匹配滤波检测、循环平稳检测和协方差特征值检测四类；以主用户接收端检测方法划分，主要分为振荡器功率检测和基于干扰温度检测，如图 7.5 所示。

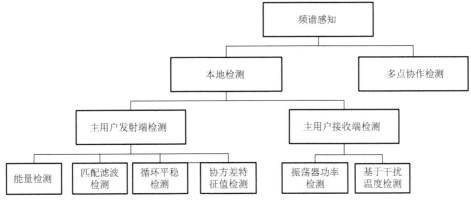

图 7.5　频谱感知方法

　　对于多用户协作单点检测类问题，假设网络中有 M 个次级用户，这个 M 次级用户对某一单频带独立进行感知，并且其中的每个次级用户分别将它们的检测结果送到中心节点进行数据融合，可建立能量检测方法和对中心节点接收的数据进行线性加权联合的方法感知模型。

　　对于多用户协作多点检测问题，可基于正交频分复用系统的多带联合检测方法中门限向量选取问题，以能量检测方法为基础，在频域同时计算各个子信道收到信号的能量，并通过一个门限向量判定各子信道上主用户是否存在。即在一定的主用户干扰限制下，充分考虑各子信道特征，建立门限向量优化模型。

　　上述优化模型都是含有多个未知数的问题，目标函数不属于凸函数，且随着考虑因素的增多，构建的感知模型复杂度增加，有的模型是复杂无约束优化问题，有的模型是复杂约束优化问题，对这类优化问题的求解都是比较困难的。虽然可以根据一定的数学方法给出模型近似解，却也会损失一定的精度。集群智能算法在这方面却有着优势，它不受问题性质的影响，对多参数优化只需要增加初始构成初始种群中每个人口的维数，通过优良的设计，进化算法的求解精度比一般方法更好。对约束优化问题，利用集群智能算法来求解优化模型，不必对优化模型进行转化，而是提供一种直接的方式，在其搜索空间内搜索最优解。

7.3.2　频谱分配

　　频谱分配是指根据需要接入系统的用户数目及其服务要求将检测到的可用频谱分配给一个或多个指定用户，使认知用户之间通过合理公平的方式共享频谱资源。频谱分配的主要目的是通过一个自适应策略有效地选择和利用空闲频谱。利用频谱分配策略，可有效提高无线通信的灵活性，使授权用户和非授权用户之间避免冲突，公平地共享频谱资源，满足用户不同业务的需求。

图论着色的频谱分配模型就是把频谱分配映射成无向图着色问题。图中的每个顶点代表参与频谱分配的认知用户，图中的每一条边代表这条边两端顶点代表的认知用户在某一信道上存在着干扰或冲突。每个顶点对应一个可选颜色集合，即可选频谱集合，不同的顶点对应的可用频谱集合是不一样的。这个可选频谱集合由授权用户频谱使用状态、地理位置、覆盖范围等因素决定，具有时空变化的特性。

基于图着色理论的频谱分配模型通常由可用频谱矩阵、效益矩阵、干扰矩阵和无干扰分配矩阵来描述。频谱分配算法的目的是选取某种分配准则，从所有满足干扰矩阵的无干扰分配矩阵的集合中选择目标函数值最高的频谱分配方案，分配给各认知用户，使网络收益最大化，因此频谱分配可以归为优化问题，且是典型的 NP 难问题。对于 NP 难问题，传统的优化方法难以解决，而利用生物启发计算可在最短时间内求得最优解。

7.3.3　频谱决策

频谱决策是指基于频谱分析对所有频谱空穴的描述，选择一个合适的工作频谱满足当前传输的 QoS 需求和频谱特征。通过频谱检测、频谱分析和频谱分配的操作，每个认知用户在一个时间段内获得了一个或多个频谱可以使用，这些频谱可能是由一系列连续或者不连续的频谱构成，认知用户需要取得在不同频段上适用的不同工作参数，如调制方式、发射功率等，通过不同的工作参数实现自适应不同频段上的无线电环境，达到无线电的最佳性能使用目的。

认知无线电参数可分为控制参数、性能参数，分别对应认知决策引擎中的待调整参数和目标函数。控制参数是指影响链路性能和无线电操作的任何参数，又可称为传输参数，是认知无线电的决策变量，受控于认知引擎，如获得最佳参数设置，可实现频谱利用性能最优化。物理层和媒体控制层可能调整的参数包括中心频率、调制方式、符号速率、发射功率、信道编码方法等。性能测量参数是系统运行操作的测量结果，根据最优化理论，性能测量参数代表最优化无线电操作中必需最大化或者最小化效用函数或代价函数。

无线通信的 QoS 性能指标有误码率、吞吐量、计算复杂度、功耗、频谱效率等。如果将这些 QoS 指标作为优化目标，同时对多个指标进行优化，系统复杂度会明显增加，因为这些目标之间存在着依赖或竞争的关系。例如，增加调制进制数将增加数据速率，但会恶化 BER。为了降低帧错误率（frame error rate，FER），可以采用更可靠的编码，但这会增加系统的计算复杂度，以及执行更复杂的前向纠错（forward error correction，FEC）操作所需的功率和反应时间。降低符号速率或调制进制数能够降低 FER，不会增加对系统的要求，但却以牺牲速率为代价。

显然，认知引擎的适应性参数调整过程是一个典型的优化问题。且随着考虑因素的增多，构建的数学模型复杂度也会增加，如从无约束问题变为有约束问题，从单目标变为多目标，从连续变为离散等等。集群智能算法在搜索中基本不利用外部信息，仅以适应度函数为依据来评价解的品质，通过加入当前搜索到的最优值来寻找全局最优，因此适合求解此类复杂的优化问题。

7.4　优化问题 1：频谱分配

7.4.1　频谱分配模型

在认知无线电网络中，合理而有效地管理网络中的动态频谱资源是认知无线电的一个关键技术，所以频谱分配方案的研究对于认知无线电具有重要的研究意义。目前频谱分配算法的模型主要有图论着色模型、干扰温度模型、博弈论模型和拍卖竞价模型等几种。四种频谱分配模型适用不同的工作情况，具有不同的特点。

（1）图论着色模型充分考虑了各认知用户相互之间的干扰问题，将认知用户结构抽象成网络拓扑结构图，按照系统目标进行频谱分配，实现简单，可以得到性能较好的分配方案。

（2）干扰温度模型实质上是一种填充式频谱分配方式，将认知用户填充到授权用户的频谱上，通过对认知用户的功率进行限制，达到频谱共享的目的。但由于依赖于干扰温度估计准确性，一旦估计出现偏差，将直接影响授权用户。

（3）博弈论模型属于分布式模式，没有中心节点，认知用户相互之间进行博弈，达到最大化自身的效应，最终达到纳什均衡。

（4）拍卖竞价模型是一种集中式网络结构，各个认知用户将竞价发送给中心节点，由中心节点按照最大化效益进行分配，但并没有考虑各认知用户相互干扰问题。

7.4.2　图论着色模型

在认知无线电网络中，可供次用户使用的频谱空洞的出现在时域、频域、空域上都是随机的，而且依赖于授权用户的频谱使用情况和地理位置等，是一种不确定的资源。所以，认知无线电网络不可能采用传统的固定频谱分配，而必须采用动态频谱分配（dynamic spectrum allocation，DSA）的策略。解决动态联动问题的优选方法为图论方法。

　　基于图论着色的频谱分配算法是把认识系统的图论模型抽象出来，在可用频谱和无干扰等受限条件的限制下，考虑如何分配信道，使得认知无线电的认知系统性能和需求得到进一步提高，如图 7.6 所示。数学模型一般由可用频谱矩阵、效益矩阵、干扰矩阵和无干扰分配矩阵组成。假设分配时间相对于环境变化时间是很短的，各矩阵在每轮分配中保持不变。各矩阵具体定义如下。

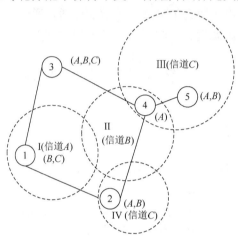

图 7.6　认知网络的图论模型

1. 可用频谱矩阵

可用频谱矩阵也称为空闲频谱矩阵，它是指某个时间、某个空间主用户未使用的频谱集合。可用频谱分成一系列正交的子频带，频带间无干扰。可用频谱矩阵一般与授权用户和认知用户的网络拓扑结构有关，也与用户的发射功率有关。

用 $L = \{ l_{n,m} \mid l_{n,m} \in \{0,1\} \}_{N \times M}$ 来表示空闲频谱矩阵。其中 N 为用户标号（下标从 0 到 $N-1$），M 为频谱标号（下标从 0 到 $M-1$）。$l_{n,m} = 1$ 表示频带 m 对于用户 n 是可用的，反之，$l_{n,m} = 0$ 表示频带 m 对于用户 n 是不可用的。

2. 效益矩阵

用 $B = \{ b_{n,m} \}_{N \times M}$ 表示效益矩阵，$b_{n,m}$ 表示用户 n 使用信道 m 带来的效益。把可用频谱矩阵 L 和效益矩阵 B 结合，将得到可用的效益矩阵 $L_B = \{ l_{n,m} \cdot b_{n,m} \}_{N \times M}$。用户所处环境和所采用的调制编码技术不一样，或者发射功率的不一样，导致使用同一条频道带来的效益可能不一样。

3. 干扰矩阵

用 $C = \left\{ c_{n,k,m} \mid c_{n,k,m} \in \{0,1\} \right\}_{N \times N \times M}$ 表示干扰矩阵，$c_{n,k,m} = 1$ 表示用户 n 和用户 k 在同时使用频带 m 时会产生干扰，当 $n=k$ 时，$c_{n,k,m} = 1 - l_{n,m}$，仅由空闲频谱矩阵 L 决定。

4. 无干扰分配矩阵

用 $A = \left\{ a_{n,m} \mid a_{n,m} \in \{0,1\} \right\}_{N \times M}$ 表示满足无干扰的分配矩阵，表示信道 m 分配给用户 n。明显地，无干扰分配矩阵必须满足：

$$a_{n,m} \cdot a_{k,m} = 0 \quad fc_{k,m} = 1, \forall n,k < N, m < M$$

这样，认知无线电网络的频谱分配问题就抽象成为一个图 $G(U, E_c, L_B)$ 的着色问题。其中，U 是图 G 的顶点集，表示无线电网络中共享频谱的次用户，L_B 表示顶点可选频谱的集合和权重，E_c 是表集，由干扰约束集合 C 决定，当且仅当 $c_{n,k,m} = 1$ 时，两个不同的顶点（用户）$u,v \in U$ 之间有一条颜色为 m（频带 m）的边。满足上式条件的有效频谱分配对应的着色条件可以描述如下：当两个不同顶点间存在 m 色边的时候这两个顶点不能同时着 m 色。这样，便可以根据图论着色理论原则对认知无线电用户进行频谱分配。

7.4.3　频谱分配最优效益函数

（1）最大化带宽总和（max sum reward，MSR）：最大化系统总的频谱利用率。

$$\max_{A \in \forall N,M} \sum_{n-1}^{N} \sum_{m-1}^{M} a_{n,m} \times b_{n,m}$$

（2）最大化最小带宽（max min reward，MMR）：最大化受限用户的频谱利用。

$$\max_{A \wedge n,m} \sum_{n=0}^{N-1} \sum_{m=0}^{M-1} a_{n,m} \cdot b_{n,m}$$

（3）最大比例公平性度量（max proportional fair，MPF）：其目标是考虑每个用户使用频谱资源的公平性。

$$\max \prod_{n=1}^{N} \left(\sum_{m=1}^{M} a_{n,m} \cdot b_{n,m} + 1 \cdot 10^{-4} \right)^{1/N}$$

7.5　优化问题 2：频谱决策

认知无线电需要调整的 n 个决策参数为 $a = [a_1, a_1, \cdots, a_n]$，包括中心频率、发射功率、调制方式、符号速率等。由于受各种规则制度、电磁环境、硬件设施等的限制，CR 决策参数调整通常要满足一定的约束条件。为了对当前外部条件做出合适的响应，CR 需要优化某些目标函数，以满足环境要求或用户需求。设 CR 需要优化的目标函数如下：

$$f = [f_1, f_1, \cdots, f_m] \tag{7.1}$$

式中，m 为目标函数数量。

目标函数的选择要求能反映当前链路质量，包括数据速率、误码率、平均发射功率、传输时延、带宽、频带效率等。不同链路条件、用户需求导致不同目标函数的重要性不尽相同，如在邮件系统中，用户对最小化误码率的要求远高于对其数据速率最大化的要求；而在视频应用中，用户对数据速率最大化的要求要高于对发射功率最小化的要求。

认知无线电是一种高度智能的通信系统，其认知引擎优化的目标函数也应具有自适应特性，具体体现为当外界环境变化，如主用户激活、信噪比降低、噪声功率增大或其他认知设备干扰时，目标函数也应随之变化。另外，当用户服务需求发生变化时，认知引擎的目标函数也应做相应变动，各目标函数的权重值也应随之重新设置。目标函数直接影响认知引擎的优化性能，进而影响通信质量[5-13]。结合 CR 的特点和用户需求，下面介绍基于多载波通信系统目标函数。

7.5.1　最小化误码率函数

误码率是衡量通信性能的重要指标，与信道类型、调制方式和信噪比有关，例如，在高斯白噪声（additive white Gaussian noise，AWGN）信道环境下，多进制数字相位调制（multiple phase shift keying，MPSK）调制的误码率为

$$P_{ei} = \frac{2}{\log_2(M)} Q\left(\sqrt{2 \cdot \log_2(M) \cdot \gamma} \cdot \sin\frac{\pi}{M} \right) \tag{7.2}$$

而多进制正交幅度调制（multiple quadrature amplitude modulation，MQAM）调制的误码率为

$$P_{ei} = \frac{4}{\log_2(M)} \left(1 - \frac{1}{\sqrt{M}} \right) Q\left(\sqrt{\frac{3 \cdot \log_2(M)}{M-1} \cdot \gamma} \right) \tag{7.3}$$

式中，M 为调制进制数；$Q(\cdot)$ 为 Q 函数，

$$Q(z) = \frac{1}{\sqrt{2\pi}} \int_z^\infty \exp\left(-\frac{x^2}{2} \right) \mathrm{d}x \tag{7.4}$$

γ 为接收信噪比，常用 E_b / N_0 作为变量，其中 E_b 为信号能量，而 N_0 为单位频谱的噪声能量。E_b 的值取决于接收信号功率 S、符号速率 R_s 和调制进制数 M：

$$E_b = \frac{S}{R_S \cdot \log_2 M}, \quad S = \text{Pw} - \text{Pl} \tag{7.5}$$

其中，Pw 为发射功率；Pl 为路径损耗。

由于信号总的噪声能量 N 等于 N_0 与带宽 B 的乘积，因此 γ 可表示为

$$\gamma = \frac{E_b}{N_0} = 10\log_{10}\left(\frac{S}{R_S \cdot N_0 \cdot \log_2 M}\right) = 10\log_{10}\left(\frac{S}{N}\right) + 10\log_{10}\left(\frac{B}{R_S \cdot \log_2 M}\right) \tag{7.6}$$

由于不同的目标函数的量纲不同，目标函数之间不能相互融合，因此对其进行归一化处理，将所有的目标函数的取值限于 0 到 1 之间。在正交频分复用多载波系统中，假设子载波数为 N，最差误码率为 0.5，第 i 个子载波的误码率为 P_{ei}，则最小化误码率函数的归一化表达式为

$$f_{\min\,ber} = 1 - \frac{\log_{10} 0.5}{\dfrac{1}{N}\displaystyle\sum_{i=1}^{N}\log_{10} P_{ei}} \tag{7.7}$$

7.5.2　最小化能耗函数

认知用户要避免对其他用户造成干扰，能耗最小化也是需要重点考虑的因素之一。最小化能耗即要求认知设备发射端使用最小的发射功率，占用最少的带宽等。在认知无线电应用中，认知设备要求能在低电量下连续工作，如应急通信中，必须保证设备在有限能量下连续工作。影响能耗的参数很多，如发射功率、信道带宽、符号速率和调制类型等，本节重点关注多子载波系统中发射功率、调制指数和符号速率这三个参数对能耗函数的影响，即

$$f_{\min\,power} = 1 - \left(\rho_1 \times \frac{\displaystyle\sum_{i=1}^{\text{Sn}}\text{Pw}_i}{\text{Sn} \times P_{\max}} + \rho_2 \times \frac{\displaystyle\sum_{i=1}^{\text{Sn}}R_{S^i}}{\text{Sn} \times R_{S\max}} + \rho_3 \times \frac{\displaystyle\sum_{i=1}^{\text{Sn}}\log_2 M_i}{\text{Sn} \times \log_2 M_{\max}}\right) \tag{7.8}$$

式中，ρ_1、ρ_2 和 ρ_3 分别表示发射功率、调制指数和符号速率的权重因子，本书分别取值为 0.6、0.2、0.2。$P_{\max}$、$R_{S\max}$ 和 $M_{\max}$ 代表系统允许的最大发射功率、最大码元速率和最大调制阶数；Pw_i、R_{S^i} 和 M_i 代表第 i 个子载波的发射功率、码元速率和调制进制数。

7.5.3　最大化数据速率函数

认知无线电有不同应用，当提供多媒体、视频通话等业务时，数据传输速率

最大化就是需要考虑的主要问题。数据传输速率确定了传输链路的吞吐量，是衡量链路传输能力的指标。链路吞吐量表征单位时间内链路传输的有效数据量，与链路丢包率、纠错编码机制、重传机制有关系。本节仅考虑物理层的参数优化，不涉及数据链路层协议，数据速率表达式为

$$\text{Date\_rate} = R_S \cdot \log_2 M \cdot R_C \tag{7.9}$$

式中，R_C 为编码速率。在多子载波系统中，归一化最大数据速率函数为

$$f_{\max\text{data\_rate}} = \frac{\dfrac{1}{\text{Sn}} \cdot \displaystyle\sum_{i=1}^{\text{Sn}} \log_2 M_i \cdot R_{S^i} \cdot R_{C^i} - \log_2 M_{\min} \cdot R_{S\min} \cdot R_{C\min}}{\log_2 M_{\max} \cdot R_{S\max} \cdot R_{C\max} - \log_2 M_{\min} \cdot R_{S\min} \cdot R_{C\min}} \tag{7.10}$$

式中，R_{C^i}、R_{S^i} 分别为第 i 个子载波的编码速率和码元速率；$R_{C\max}$、$R_{S\max}$ 分别为系统允许的最大编码速率和最大码元速率；$R_{C\min}$、$R_{S\min}$ 分别为系统允许的最小编码速率和最小符号速率。

7.5.4　最大化频谱利用率函数

认知无线电的主要目标是提高频谱利用率。频谱利用率代表有限频带范围内的传输数据量，频谱利用率高则代表有限频带范围内传输数据量高，频谱利用率低则代表有限频带范围内传输数据量低。其中，系统带宽、符号速率、调制类型等参数对频谱利用率有重要影响。

$$\text{Spectral\_efficiency} = \frac{M \cdot R_S}{B} \tag{7.11}$$

式中，M 为调制阶数；R_S 为符号速率；B 为传输带宽。归一化频谱利用率函数表达式为

$$f_{\max\text{spectral\_efficiency}} = \frac{\dfrac{M \cdot R_S}{B}}{\dfrac{M_{\max} \cdot R_{S\max}}{B_{\min}}} = \frac{M \cdot R_S \cdot B_{\min}}{B \cdot M_{\max} \cdot R_{S\max}} \tag{7.12}$$

式中，$M_{\max}$、$R_{S\max}$ 和 $B_{\min}$ 分别为系统最大调制阶数、最大码元速率和最小占用带宽。

7.5.5　最小化频谱干扰函数

认知无线电共享主用户资源，认知用户在占用主用户资源的同时一定要避免对主用户或其他认知用户产生干扰，因此干扰是衡量认知无线电系统的一个重要指标。主用户对频谱资源拥有优先使用权，认知用户必须保证不干扰主用户正常

通信。此外，在多认知用户应用场景下，如何合理分配和协调、避免互相干扰也是认知无线电要考虑的问题。用户带宽、发射功率等与干扰有关，增大带宽或增大功率会增加干扰。本节主要考虑用户带宽和发射功率构建频谱干扰函数，其归一化表达式为

$$f_{\min\text{interference}} = 1 - \frac{Pw \cdot B}{Pw_{max} \cdot B_{max}} \tag{7.13}$$

式中，Pw_{max}、B_{max} 分别表示认知无线电系统的最大发射功率和最大带宽。

上述五个目标函数之间相互影响、相互制约，认知引擎的目标就是寻求决策参量，在上述目标函数之间折中，尽量使所有目标函数最优。

7.5.6　多目标处理方法

为了简化求解问题，将各个目标函数归一化处理，使得各个目标函数的取值在 0 和 1 之间。假设归一化目标函数为 $f = [f_1, f_1, \cdots, f_m]$，给每个目标函数分配一个权重，将多目标优化转化为单目标优化，即

$$f = \sum_{i=1}^{m} w_i f_i \tag{7.14}$$

式中，权重设置应满足 $w_i \geqslant 0 (1 \leqslant i \leqslant m)$ 且 $\sum_{i=1}^{m} w_i = 1$。无线电决策引擎的任务就是选择合适的无线电决策参数实现上式的最大化。权重因子 $w = [w_1, w_2, \cdots, w_m]$ 代表各个目标函数的重要程度。CR 决策参数调整过程实际上是一个多目标优化问题，即找出一组合适的无线电参数方案实现一定约束条件下给定权重的多个目标函数的优化。先考虑上述五个重要的目标函数，最优化函数如下：

$$f_{multi} = w_1(f_{ber}) + w_2(f_{power}) + w_3(f_{tp}) + w_4(f_{si}) + w_5(f_{se}) \tag{7.15}$$

式中，$w_i \geqslant 0$，$1 \leqslant i \leqslant 5$，并且 $w_1 + w_2 + w_3 + w_4 + w_5 = 1$。五个权值的取值分别代表 4 种业务模式：低功耗传输模式、应急通信传输模式、多媒体传输模式、均衡性传输模式。对应的目标函数权重系数如表 7.1 所示。

表 7.1　不同业务模式的权重设置

模式	含义	w_1	w_2	w_3	w_4	w_5
模式 1	低功耗传输模式，最小化发射功率	0.45	0.1	0.2	0.15	0.1
模式 2	应急通信传输模式，最小化误码	0.1	0.5	0.1	0.1	0.2
模式 3	多媒体传输模式，最大化数据速率	0.1	0.15	0.5	0.15	0.1
模式 4	均衡性传输模式，最小化频谱干扰	0.1	0.1	0.2	0.5	0.1

7.6　自主进化计算

自主进化计算算法（autonomously evolutionary computing algorithm，AEA）实现步骤如下。

步骤1：初始化。

（1）参数设置：设定算法中涉及的所有参数，包括种群规模值S，搜索空间上限和下限L_d、U_d，选择概率P_f，交叉概率P_c，变异概率P_m，最大迭代次数T_{max}，惯性权重w，均匀分布在$(0,1)$区间的随机数r_1、r_2，学习因子c_1、c_2等。

（2）产生个体并计算适应度。产生群体规模为S的初始群体，所有个体都在D维搜索空间（即解空间）中运动，每个个体的位置为$x_i^t = \left(x_{i1}^t, x_{i2}^t, \cdots, x_{iD}^t \right)^T$，$x_{id}^t \in [L_d, U_d]$，其中，$1 \leqslant d \leqslant D, 1 \leqslant i \leqslant S$。产生初始群体后计算所有个体适应值。

（3）将初始种群的适应度设置为局部最优极值，种群中的最优个体p_g设置为全局初始极值。

步骤2：觅食。群内个体采取社会觅食方式进行觅食，公式如下：

$$x_{id}^{t+1} = wx_{id}^t + c_1 r_1 \left(p_{id}^t - x_{id}^t \right) + c_2 r_2 \left(p_{gd}^t - x_{id}^t \right)$$

步骤3：选择。按适应值调整群中个体，并采用轮盘赌法方法选择个体。

步骤4：繁殖。将群中的个体进行两两顺序配对，执行单点交叉操作。

步骤5：变异。群中的个体执行方向变异操作。

步骤6：更新极值。计算当前群中所有个体适应度$f(X)$，同时更新个体最优位置（即局部极值点）和全局最优位置（即全局极值点）。

步骤7：检验是否符合结束条件。如果当前的迭代次数达到了预先设定的最大次数，或最终结果小于预定收敛精度ξ要求，则停止迭代，输出最优解，否则转到步骤2。

7.7　实验研究及讨论

7.7.1　频谱决策问题

仿真测试环境参数设置如下。

（1）采用多载波通信体制设计，子载波数为32。

（2）为每个子载波分配一个随机数（取值范围为0～1），用来反映对应的信道衰落因子，模拟信道动态特性。

（3）信道类型为 AWGN 信道，噪声功率为 0dBm。

（4）由于存储空间限制，系统可调参数仅包括发射功率和调制方式。

（5）发射功率共有 64 种可能取值，范围 0～25.2dBm、间隔 0.4dBm。

（6）可选调制方式有 BPSK、QPSK、16QAM 和 64QAM。

（7）子载波信道可选择不同发射功率和调制方式，采用二进制编码，每个染色体上包含了各子载波对应的发射功率和调制方式。

如表 7.2、表 7.3、图 7.7 和图 7.8 所示，分别列出了 AEA、基本遗传算法和粒子群优化算法的测试结果和收敛比较情况。

表 7.2　AEA 实验结果

模式	最优值	发射功率	最小化误码率	数据速率	频谱干扰
模式 1：低功耗传输模式，最小化发射功率	0.836	**1.78（1）**	$6.528\ 64\times10^{-2}$	0.988（4）	23.6
模式 2：应急通信传输模式，最小化误码率	0.707	7.05	$\mathbf{4.267\ 078\times10^{-6}}$**（1）**	0.744（2）	92.9
模式 3：多媒体传输模式，最大化数据速率	0.835	6.16	$1.427\ 648\times10^{-2}$	**1（1）**	88.6
模式 4：均衡性传输模式，最小化频谱干扰	0.846	2.88	4.725	0.906（3）	**14.1（1）**

表 7.3　多个算法实验结果比较

模式	算法	最优值	发射功率	最小化误码率	数据速率	频谱干扰
模式 1	GA	0.66	7.48	$3.070\ 486\times10^{-2}$	0.675	116
	PSO	0.754	4.09	$2.878\ 09\times10^{-2}$	0.787	61
	AEA	0.816	2.17（1）	$6.493\ 109\times10^{-2}$	0.931	33.5
模式 2	GA	0.657	10.6	$3.120\ 925\times10^{-4}$	0.619	159
	PSO	0.682	7.24	$4.593\ 397\times10^{-5}$	0.581	108
	AEA	0.703	7.94	$3.638\ 924\times10^{-5}$（1）	0.794	84.1
模式 3	GA	0.694	10.4	$2.797\ 193\times10^{-3}$	0.763	150
	PSO	0.787	9.98	$6.357\ 623\times10^{-3}$	0.938	116
	AEA	0.838	6.21	$1.194\ 35\times10^{-2}$	1（1）	77.9
模式 4	GA	0.714	10.3	$1.248\ 132\times10^{-2}$	0.713	116
	PSO	0.783	7.4	$3.084\ 007\times10^{-3}$	0.831	68.3
	AEA	0.845	3.68	$2.212\ 457\times10^{-2}$	0.975	28.4（1）

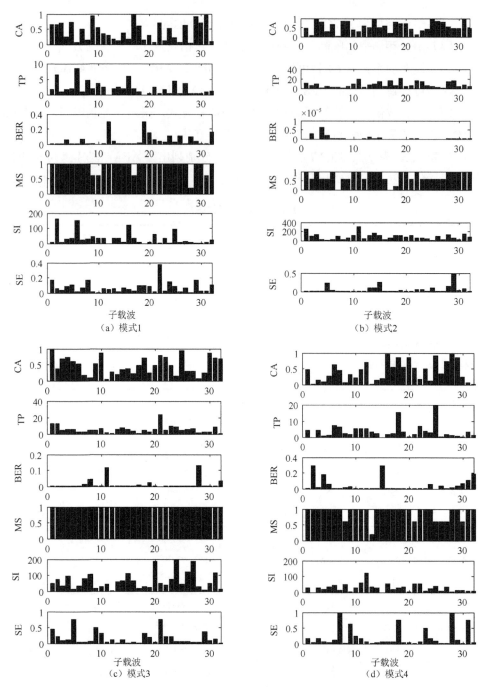

图 7.7 AEA 性能

CA 表示信道衰减；TP 表示发射功率；BER 表示误码率；
MS 表示归一化数据速率；SI 表示频谱干扰；SE 表示频谱利用率

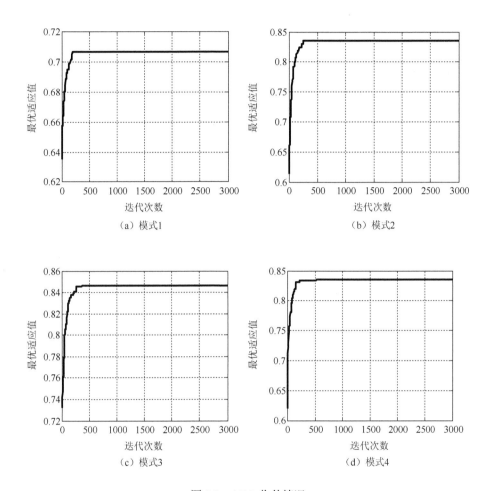

图 7.8　AEA 收敛情况

从表 7.2、图 7.7 和图 7.8 中可看出，对应模式 1，LSO 发射功率为 1.78，发射功率被控制在较低的水平，达到了低功率模式下最小化发射功率的主要目标要求。对应模式 2，误码率为 $4.267\,078\times10^{-6}$，实现了最小误码率的要求。对应模式 3，归一化数据速率值为 1，表明子载波的调制方式均值为 64，实现了最大化数据吞吐量的要求。此时数据的通信速率最快，同时算法根据载波情况采用了不同的发射功率，保证了误码率不至于太高，均衡了发射功率和误码率两方面的要求。对应模式 4，频谱干扰值为 14.1，频谱干扰值最小，同时也考虑了其他参数值要求，实现了频谱干扰最小的均衡性传输模式。从表 7.3 的 4 种通信模式实验结果比较情况来看，AEA 实验结果均优于 GA 和 PSO 这两个算法的实验结果。

综上表明，AEA 能够根据用户的不同服务需求对不同的目标函数进行权衡，优先考虑主要目标，同时也可兼顾其他目标，从而得到理想的认知无线电传输组合参数，证明算法的有效性，正确性和鲁棒性。

7.7.2 频谱分配问题

为验证本章提出的 AEA 的效果，进行仿真实验，并与目前效果较好的算法的频谱分配算法进行对比实验。仿真结果均由算法重复运行 30 次并计算平均值而获得，通过实验仿真结果验证本书提出算法的有效性和先进性。

表 7.4 和图 7.9 的实验结果表明，与 GA 和 PSO 算法相比，AEA 具有收敛速度快、不易陷入局部最优等优点，得到满足分配目标的最优频谱分配方案。从实验结果可以看出，本章提出的 AEA 可以使系统用户获得更大的网络收益和更好地体现出各认知用户之间的公平性，且不受用户和频谱数目规模的限制，具有较强的鲁棒性。

表 7.4　算法实验结果

算法		GA	PSO	AEA	算法		GA	PSO	AEA
	MMR	32.4	20.5	59.5（1）		MMR	5.26	6.15	6.58（1）
$N=5$	MSR	271	294	291（2）	$N=30$	MSR	550	614	636（1）
	MPF	42.1	47.1	47.1（1）		MPF	10.9	12.5	12.7（1）
	MMR	20.3	19	27.1（1）		MMR	21.8	24.3	28.3（1）
$M=10$	MSR	307	346	356（1）	$M=30$	MSR	411	461	455（2）
	MPF	22.6	24.3	24.5（1）		MPF	32.3	36.9	37.3（1）
	MMR	5.59	5.62	6.46（1）		MMR	11.1	12	13.3（1）
$K=5$	MSR	251	291	292（1）	$K=20$	MSR	834	937	947（1）
	MPF	5.36	7.25	7.49（1）		MPF	28.4	31.8	31.4（2）

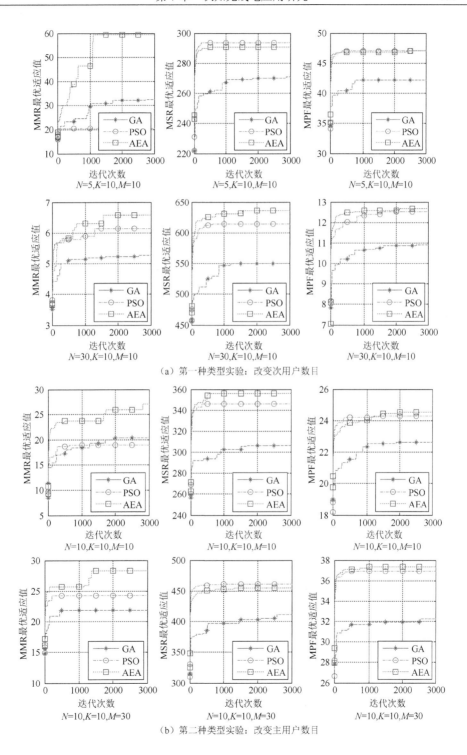

（a）第一种类型实验：改变次用户数目

（b）第二种类型实验：改变主用户数目

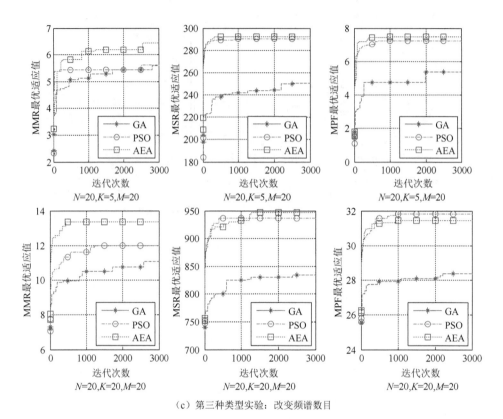

（c）第三种类型实验：改变频谱数目

图 7.9　不同拓扑结构收敛比较图

参 考 文 献

[1]　Mitola J I, Maguire G Q. Cognitive radio: making software radios more personal. Personal Communications, 1999, 6(4): 13-18.

[2]　He A, Bae K K, Newman T R, et al. A survey of artificial intelligence for cognitive radios. IEEE Transactions on Vehicular Technology, 2010, 59(4): 1578-1592.

[3]　Haykin S. Cognitive radio: brain-empowered wireless communications. IEEE Journal on Selected Areas in Communications, 2006, 23(2): 201-220.

[4]　Abbas N, Nasser Y, Ahmad K E. Recent advances on artificial intelligence and learning techniques in cognitive radio networks. Eurasip Journal on Wireless Communications & Networking, 2015, (1): 1-20.

[5]　Rieser C J. Biologically inspired cognitive radio engine model utilizing distributed genetic algorithms for secure and robust wireless communications and networking. Virginia Polytechnic Institute and State University, Blacksburg, VA, USA, 2004.

[6]　Rondeau T W. Application of artificial intelligence to wireless communications. Virginia Polytechnic Institute and State University, Blacksburg, VA, USA, 2007.

[7]　Stuntbeck E, O'shea T, Hecker J, et al. Architecture for an open-source cognitive radio. Proceedings of SDR Forum Technical Conference, 2004.

[8]　Lorenzo P D, Barbarossa S. A bio-inspired swarming algorithm for decentralized access in cognitive radio. IEEE Transactions on Signal Processing, 2011, 59(12): 6160-6174.

[9]　Hauris J F, He D, Michel G, et al. Cognitive radio and RF communications design optimization using genetic algorithms. Military Communications Conference, Orlando, FL, USA, 2007: 1-6.

[10]　Zhao Z, Xu S, Zheng S, et al. Cognitive radio adaptation using particle swarm optimization. Wireless Communication and Mobile Computing, 2009, 9(7): 875-881.

[11]　Anumandla K K, Kudikala S, Venkata B A, et al. Spectrum allocation in cognitive radio networks using firefly algorithm. Swarm, Evolutionary and Memetic Computing. 2013: 366-376.

[12]　Doerr C, Sicker D C, Grunwald D. Dynamic control channel assignment in cognitive radio networks using swarm intelligence. Global Telecommunications Conference, New Orleans, LO, USA, 2008: 1-6.

[13]　Hamza A S, Hamza H S, El-Ghoneimy M M. Spectrum Allocation in Cognitive Radio Networks Using Evolutionary Algorithms//Cognitive Radio and its Application for Next Generation Cellular and Wireless Networks. Dordrecht: Springer Netherlands, 2012: 259-285.

第四部分
集群动力学优化算法

　　生物学家通过研究发现，作为复杂系统的生物系统，系统中的每个个体都是一个动力学系统。本部分将继续深化集群智能优化决策方法的研究，重点关注基于生物集群行为的复杂动力学驱动机制，并基于集群动力学模型设计生物觅食动力学优化决策方法，由此来解决复杂系统优化问题，并使它能够应用到足够广泛的领域。一方面，探索生物系统动力学模型，构建动力学模型和优化算法之间的对接模式，以此拓展集群智能的研究模式；另一方面，基于特定的动力学模型来设计集群智能优化算法，设计基本的行之有效的方法，为建立相应的优化模型提供一定的依据和借鉴。

第 8 章　集群动力学模型

8.1　系统动力学

8.1.1　系统动力学原理

系统动力学（system dynamics，SD）是由 Forrester 创立的一门研究系统动态复杂性的科学[1]。它以反馈控制理论为基础，以计算机仿真技术为手段，主要用于研究复杂系统的结构、功能与动态行为之间的关系。系统动力学强调整体地考虑系统，了解系统的组成及各部分的交互作用，并能对系统进行动态仿真实验，考察系统在不同参数或不同策略因素输入时的系统动态变化行为和趋势，使决策者可尝试在各种情境下采取不同措施并观察模拟结果，打破了从事社会科学实验必须付出高成本的条件限制[2-4]。

系统动力学解决问题的过程实质上也是寻优过程，以获得较优的系统功能。系统动力学强调系统的结构，从系统结构角度来分析系统的功能和行为，系统的结构决定了系统的行为。因此系统动力学是通过寻找系统的较优结构来获得较优的系统行为。由于系统动力学在研究复杂的非线性系统方面具有无可比拟的优势，已经广泛应用于社会、经济、管理、资源环境等诸多领域。

8.1.2　系统动力学模型

系统动力学模型是一种因果机理性模型，强调系统行为主要是由系统内部的机制决定的，擅长处理长期性和周期性的问题；在数据不足及某些参量难以量化时，以反馈环为基础依然可以做一些研究；擅长处理高阶次、非线性、时变的复杂问题。系统动力学模型由系统结构流程图和构造方程组成，二者相辅相成，融为一体。流程图反映系统中各变量间因果关系和反馈控制网络，正反馈环有强化系统功能，表现为偏离目标的发散行为；负反馈环则有抑制功能，能跟踪目标产生收敛机制。二者组合使系统在增长与衰减交替过程中保持动态平衡，达到预期目标。所以，流程图用以体现实际系统的结构特征，构造方程是变量间定量关系

的数学表达式，可由流程图直接确定或由相关函数给出，可以是线性或非线性函数关系，其一般表达式为

$$\frac{\mathrm{d}X}{\mathrm{d}t} = f(X_i, V_i, R_i, P_i) \tag{8.1}$$

其差分形式可形成：

$$X(t + \Delta t) = X_{(t)} + f(X_i, V_i, R_i, P_i) \cdot \Delta t \tag{8.2}$$

式中，X 为状态变量；V 为辅助变量；R 为流率变量；P 为参数；t 为仿真时间；Δt 为仿真步长。

8.1.3　系统动力学建模步骤

系统动力学建模分为以下几个步骤。

步骤 1：了解问题、界定问题、确认目标。

步骤 2：绘制系统的因果反馈图。

步骤 3：建立系统动力学模型。

步骤 4：测试模型、确认模型是否可以再现真实系统的行为。

步骤 5：使用模型进行策略的选择。

步骤 6：执行策略。

其中，步骤 2 所提到的因果反馈图是系统动力学最重要的部分，也是系统动力学模型发展的基础。

建立系统的因果反馈图应包含以下步骤。

第一步，确定系统边界。系统结构建构初期，为避免系统架构过于庞大或太小，必须先确定系统边界。系统边界的确定主要依据建模目的及解决问题的特性来决定，系统边界确定后，方可决定系统的内生变量及外生变量。

第二步，找出系统中的反馈回路。反馈回路说明了系统内各变量的因果关系及其变化，系统动力学即是透过系统中各反馈回路的动态因果关系，描述与解释现实社会中的现象。

第三步，找出反馈回路中的状态变量与速率。反馈回路中的状态变量与速率是组成系统动力学模型最重要的两种变量，是最终建立系统动力学模型的关键所在。

第四步，决定速率的结构。速率的结构为系统结构的核心，是决策行动的起点。透过信息流及实体流的汇集与处理可确定速率的结构。

由于生物系统复杂，与生物相关的动力学模型种类非常丰富。下面仅讨论与研究复杂系统优化决策方法相关的动力学模型。

8.2　种群动力学模型

生物系统内的元素具有智能性和自适应性，主要体现在系统内的元素或个体的行为会遵循一定的规则，并根据"环境"和接收信息来调整自身的状态和行为。种群动力学则描述了生物体与环境之间的关系，以及生物群体之间的关系。如单种群 Logistic 增长动力模式、Lotka-Volterra 捕食系统，两种群相互作用数学模型，及 n 种群相互作用数学模型等[5-7]。此类模型的特点是能较好地反映数据样本的统计特征，用来确定表达率及确定性模型所需参数。

8.2.1　单种群动力学模型

1. 种群指数式增长模型

种群指数式增长，是指一个理想种群在无限环境下随种群本身密度变化而增长，也称"J"形增长。其表现为几何级增长或指数级增长，数学方程式为 $\mathrm{d}N/\mathrm{d}t = rN$。其中，$\mathrm{d}N/\mathrm{d}t$ 是指在某一时间某一种群的瞬时增长率；r 是个体内禀增长率，即该种群的最大增长潜力；N 为某一时刻的种群大小。"J"形增长模型如图 8.1 所示。

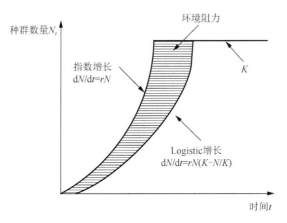

图 8.1　种群增长曲线

在空间和食物资源充足、没有外来生物入侵等条件下，自然种群能表现出短时间的指数式增长，种群内的个体以内禀增长率繁殖，种群规模一直增大。达尔文指出，实际上环境资源是有限的，因此种群的增长也是有限的，没有一个自然种群能够无限制地指数增长。种群在增长过程中会遇到来自方方面面的环境阻力，如种群密度制约、种群规模制约、食物浓度制约、竞争强度制约等。所以，种群规模不可能一直增长，种种因素的存在使得种群规模也存在一个增长上限。

　　2. 种群 Logistic 增长模型

　　种群的 Logistic 增长也称为"S"形增长。其表现为开始时种群缓慢增长，然后增长速度逐渐加快，但随着环境阻力的增加，种群增长速度不断下降，并朝着一条渐近线不断靠近，这条渐近线就是环境容纳量 K，即种群可能达到的最大种群密度。在自然界中，大多数种群都是按 Logistic 增长的。

　　"S"形增长的数学方程式为 $dN/dt = rN(K - N/K)$，坐标曲线如图 8.1 所示，生长曲线呈"S"形。曲线特点即为种群数量达到环境容纳量（K 值）后，将停止增长并在 K 值上下保持相对稳定。

　　（1）调整期。刚刚进入某个区域的种群，对环境会进行短暂的调整和适应，种群增长率为零，个体几乎不繁殖。

　　（2）上升期。营养物质丰富、生存环境均适宜、种内竞争不剧烈等导致种群密度上升。群体生长率最快，此阶段生长曲线表现为快速上升，即"J"形生长曲线。

　　（3）稳定期。随着种群密度增大，营养物比例失调或逐渐被耗尽，从而使种群进入稳定期。在稳定期，环境阻力增大，种群内竞争加剧，种群的密度达到了环境所能容纳的最大量，种群增长率几乎为零。

8.2.2　多种群动力学模型

　　多种群协作进化动力学模型一般将系统划分为若干子群，再进一步考虑子群间基于种群密度的协作进化。模型在每次迭代中都依次运行进化过程和协作过程，其中每个种群内部的进化过程采用相应的内部操作，协作过程运用种群共生（捕食、竞争、寄生、共存、互利等）导向动力学方程计算各种群密度，并根据计算出的种群密度调整各个子群的规模，即种群 i 的大小如下：

$$N_i(t+1) = N_i(t) + \frac{dN_i}{dt} \tag{8.3}$$

　　1. 捕食导向动力学模型

　　捕食导向的 n 种群的协作进化动力学模型如下：

$$\frac{dN_i}{dt} = r_i N_i (1 - \frac{N_i}{K_i} - \sum_{j=1, j\neq i}^{n} \frac{e_{ji}N_j}{K_j} + \sum_{u=1, u\neq j}^{n} \frac{e_{uj}N_u}{K_u}), \quad i = 1, 2, \cdots, n \tag{8.4}$$

式中，N_i 表示种群 i 的大小；K_i 表示在没有捕食的情况下种群 i 的环境负荷量；

r_i 表示种群 i 个体的最大瞬时增长率；e_{ji} 是捕食系数，表示种群 j 的每个个体对种群 i 的捕食抑制作用；$\mathrm{d}N_i/\mathrm{d}t$ 表示种群 i 的密度变化量。

2. 竞争导向动力学模型

n 种群的协作进化模型如下：

$$\frac{\mathrm{d}N_i}{\mathrm{d}t} = r_i N_i (1 - \frac{N_i}{K_i} - \sum_{j=1,j\neq i}^{n} \frac{c_{ji} N_j}{K_i}), \quad i = 1, 2, \cdots, n \qquad （8.5）$$

式中，N_i 表示种群 i 的大小；K_i 表示在没有竞争的情况下种群 i 的环境负荷量，即环境对种群 i 的承载力；r_i 表示种群 i 个体的最大瞬时增长率；c_{ji} 是竞争系数，表示种群 j 的每个个体对种群 i 的竞争抑制作用；$\mathrm{d}N_i/\mathrm{d}t$ 表示种群 i 的密度变化量。

3. 寄生导向动力学模型

寄生导向的 n 种群的同进化动力学模型如下：

$$\frac{\mathrm{d}N_i}{\mathrm{d}t} = r_i N_i (1 - \frac{N_i}{K_i} + \sum_{j=1,j\neq i}^{n} \frac{y_{ji} a_{ji} N_j}{K_i}), \quad i = 1, 2, \cdots, n \qquad （8.6）$$

$$\frac{\mathrm{d}N_j}{\mathrm{d}t} = r_j N_j (1 - \frac{N_j}{K_j} + \sum_{i=1,i\neq j}^{n} \frac{y_{ji} b_{ji} N_i}{K_j}), \quad j = 1, 2, \cdots, n, \quad y_{ji} = \begin{cases} 1 \\ 0 \end{cases} \qquad （8.7）$$

式中，$y_{ji}=1$ 表示标准种群 i 可寄生到种群 j 上；N_i 表示种群 i 的大小；K_i 表示在没有寄生的情况下种群 i 的环境负荷量；r_i 表示种群 i 个体的最大瞬时增长率；a_{ji} 是寄生得利系数，表示种群 j 的每个个体对种群 i 的寄生促进作用；b_{ji} 是寄生抑制系数，表示种群 i 的每个个体对种群 j 的寄生抑制作用；$\mathrm{d}N_i/\mathrm{d}t$ 表示种群 i 的密度变化量。

4. 共存导向动力学模型

共存导向的 n 种群的同进化动力学模型如下：

$$\frac{\mathrm{d}N_i}{\mathrm{d}t} = r_i N_i (1 - \frac{N_i}{K_i} + \varphi), \quad i = 1, 2, \cdots, n \qquad （8.8）$$

$$\varphi = \begin{cases} x_i / \phi N_i, & x_i < \phi N_i \\ 1, & x_i \geqslant \phi N_i \end{cases}, \quad x_i = \sum_{j=1,j\neq i}^{n} y_{ji} N_j, \quad y_{ji} = \begin{cases} 1 \\ 0 \end{cases} \qquad （8.9）$$

式中，$y_{ji}=1$ 表示种群 i 可与种群 j 共存；N_i 表示种群 i 的大小；K_i 表示在没有共存的情况下种群 i 的环境负荷量；r_i 表示种群 i 个体的最大瞬时增长率；φ 是共存和谐系数；ϕ 表示共存所需的最低比例（这里设定 $0<\phi<1$）；dN_i/dt 表示种群 i 的密度变化量。

5. 互利导向动力学模型

互利导向的 n 种群的同进化动力学模型如下：

$$\frac{dN_i}{dt} = r_i N_i (1 - \frac{N_i}{K_i} + \sum_{j=1,j\neq i}^{n} \frac{h_{ji} N_j}{K_i}), \quad i=1,2,\cdots,n \tag{8.10}$$

式中，N_i 表示种群 i 的大小；K_i 表示在没有互利竞争的情况下种群 i 的环境负荷量；r_i 表示种群 i 个体的最大瞬时增长率；h_{ji} 是互利系数，表示种群 j 的每个个体对种群 i 的互利促进作用；dN_i/dt 表示种群 i 的密度变化量。

8.3　动物集群行为动力学模型

8.3.1　Boid 模型

1. 鸟类群聚现象

在自然界中，单个飞鸟的飞行貌似漫无目的，然而群体飞鸟虽然表面上看起来时聚时散，却始终保持成群体方向统一的飞行状态，显然，飞鸟的飞行并不是无规律、混乱的行为，而是一种体现了群聚智能与高秩序性的行为。通过研究人员的调查分析，发现鸟类聚集行为实际上是其飞行中的每个个体都遵循了一些简单的规则，而正是在这种简单规则的共同制约下，鸟群之间的相互作用使得群体秩序和谐统一，这种行为在智能学上被称为涌现（emergence）现象。作为智能个体——鸟本身，其初始状态是随机的，在没有得到智能群体的总体信息反馈时，它在解空间中的行进方式通常没有任何规律，只有受到整个智能群体在解空间中行进效果的影响之后，智能个体在解空间中才能表现出具有合理寻优特征的行进模式。其中智能群聚现象有以下特点。

（1）群体中相互合作的个体是分布式的，不存在中心控制，因而它更能够适应当前网络环境下的工作状态，并且具有较强的鲁棒性，即不会由于某一个或某几个个体出现故障而影响群体对整个问题的求解。

（2）每个个体只能感知局部信息，不能直接拥有全局信息，并且群体中每个个体的能力或遵循的行为规则非常简单，因而集群智能的实现比较方便，具有简单性的特点。

（3）个体之间通过非直接通信的方式进行合作。由于集群智能可以通过非直接通信的方式进行信息的传输与合作，随着个体数目的增加，通信开销的增幅较小，也就是说，它具有较好的可扩充性。

（4）自组织，即群体通过简单个体的交互突现出复杂的行为。

在鸟类的群聚现象中，无形的"系统"只要遵循简单的规则就能够自发涌现鸟群体的动态行为。

2. Boid 模型

人类早已开展对鸟类群聚现象的研究，1987 年，Reynolds 提出了一种名为 Boid 的、具有生命行为特征的生物群体行为模型[8]。在 Boid 模型中，用计算机屏幕上的运动点代表鸟个体，这样的一群点就是鸟类的群体。给每个点设置坐标、速度等参量，这样就把现实世界中的鸟映射到计算机屏幕的虚拟世界中来。Reynolds 通过反复实验发现了三条简单的规则来决定"鸟"的行为方式，这样，Boid 模型的动态行为就可以和真实世界中的鸟类群聚行为相比拟。

由于现实中的鸟具有一定的视角范围，因此在 Boid 模型中每只"鸟"都要观察它周围的局部环境。假如把 Boid 模型放置在一个与现实世界相似的三维虚拟现实环境中，每只"鸟"能够看到它所处水平面的一个扇形，其中 Distance 是它的视力范围，Angle 是它能看到扇形的角度。如图 8.2 所示，图中阴影部分就是"鸟"的视力范围。

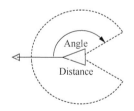

图 8.2　Boid 模型中的个体视觉

由此看来，Boid 模型中的每只"鸟"由于其视力范围的局限，也只有在其视力范围内的物体能够影响到它。这就是在鸟类群体中的个体所遵守的三个简单规则，如图 8.3 所示。

（1）吸引规则。每只"鸟"都要去尽量靠近它的邻居所在的中心位置，圆心处的"鸟"就是当前的"鸟"。

（2）匹配规则。每只"鸟"的飞行方向尽量与周围邻居的飞行方向保持一致。

（3）分离规则。当"鸟"与某些邻居靠得太近的时候就会尽量避开。

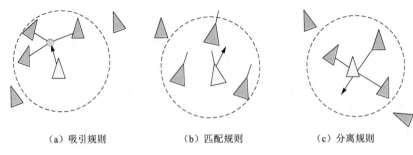

（a）吸引规则　　　　　　（b）匹配规则　　　　　　（c）分离规则

图 8.3　Boid 模型规则

　　把这三条规则用计算机语言实现，则屏幕上的动点就会模拟出类似鸟类飞行的行为。这也是将生物行为中的概念引入计算机科学的第一次尝试。Boid 模型已被成功地应用到影视动画、图形学、生态学、信息地理学、虚拟现实、科学仿真、模式识别等多个学科和研究领域，并曾经在电影《狮子王》中成功应用。

　　因而，基于集群智能角度，Boid 模型具有如下特性。

　　（1）内聚性：各成员朝着一个平均的位置聚合。

　　群体中的各相邻智能体间应相互靠近，保持队列的紧凑，即个体间存在相互吸引力。如图 8.3（a）所示，当智能体与邻居智能体间的距离过于疏远时，即邻居智能体处在其靠近的智能体的吸引区时，两智能体之间就会产生一个吸引力，显然此吸引力与两智能体间的距离成正比。而每一个智能体所受到的总吸引力是所有处在其吸引区的智能体对它的吸引力的总和。

　　（2）排列性：各成员沿着一个平均的方向共同运动。

　　每个智能体的速度的大小和方向与整个群体速度的大小和方向保持一致。如图 8.3（b）所示，智能体通过计算邻域内所有智能体的平均速度最终确定方向，与之匹配。

　　（3）分离性：各成员之间避免碰撞。

　　群体中相邻的各智能体间通过分离保持一定的距离，从而避免相互间的碰撞，即个体间存在相互排斥力。如图 8.3（c）所示，当智能体与邻居智能体间的距离过于接近时，即邻居智能体处在其靠近的智能体的排斥区时，两智能体之间就会产生一个排斥力，显然此排斥力与两智能体间的距离成反比。每一个智能体所受到的总排斥力是所有处在其排斥区的智能体对它的排斥力的总和。

8.3.2　Vicsek 模型

　　Vicsek 模型由匈牙利物理学家 Vicsek 等于 1995 年从统计力学的角度提出，它不仅算法简单，而且能比较真实地模拟自然界的一些集群同步现象[9]。

　　Vicsek 模型描述的是个体数为 N 的一群可以视为质点的个体在 $L \times L$ 的二维周期边界条件的平面上的运动情况。其基本的运动规则如下：在每一时步中个体的速度大小保持不变，方向取其周围个体的平均方向，即以该个体为中心在半径为 r 的圆内所有个体的平均方向。每个个体的初始位置在平面区域内随机分布，初始运动方向在 $[-\pi, \pi)$ 随机分布。

记 $\vec{x}_i(t)$ 为个体在 t 时刻的位置，则位置变换的表达式为

$$\vec{x}_i(t+1) = \vec{x}_i(t) + \vec{v}_i(t)\Delta t$$

速度方向的更新规则为

$$\theta_i(t+1) = <\theta_i(t)>_r + \Delta\theta_i$$

式中，$\Delta\theta_i$ 代表噪声，取值为 $[-\dfrac{\eta}{2}, \dfrac{\eta}{2}]$ 的随机数，η 为可调整的常数；$<\theta_i(t)>_r$ 为以个体 i 为圆心视野半径 r 内所有个体（包含个体 i 自身）的平均速度方向，故 $<\theta_i(t)>_r$ 满足条件 $\tan[<\theta_i(t)>]_r = <\sin\theta_i(t)>_r / <\cos\theta_i(t)>_r$。

8.4　复杂网络动力学

复杂网络是研究复杂系统的另一重要方法论。任何一个复杂系统都可以通过网络的形式描述出来。生物系统是复杂系统，种群内个体间的通信都具有复杂网络动力学特性。常见的现实世界复杂网络具有无标度性、小世界性和高簇系数等特性[10-12]。

8.4.1　随机网络

20 世纪 50 年代末期，匈牙利数学家 Pual Erdos 首次将随机性引入网络的研究，提出了著名的随机网络模型，见图 8.4 所示，即每个粒子随机与邻近的粒子相互连接，形成一种随机结构。假设种群个体集合为 $X = \{x_1, x_2, \cdots, x_i, \cdots, x_N\}$，那么第 i 个个体邻域集合 $\mathrm{nei}(x_i) = \{X\}$。在随机网络中第 i 个个体的邻域集合为 $\mathrm{nei}(x_i) = \{x_1, x_2, \cdots, x_j, \cdots, x_K\}(K \leqslant N)$，其中 $x_1, x_2, \cdots, x_j, \cdots, x_K$ 为从种群 X 中随机选择的个体。

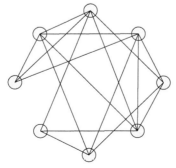

图 8.4　随机网络

8.4.2　小世界网络

小世界网络如图 8.5 所示，大部分的节点不与彼此邻接，但大部分节点可以从任一其他点经少数几步就可到达。小世界模型构造方法为考虑一个含有 N 个点的最近邻耦合网络，它们围成一个环，其中每个节点都与它左右相邻的各 $K/2$ 个节点相连，K 是偶数。然后以概率 p 随机地重新连接网络中的每个边，即将边的一个端点保持不变，而另一个端点取为网络中随机选择的一个节点，并且任意两个不同的节点之间至多只能有一条边，不能有自回路。

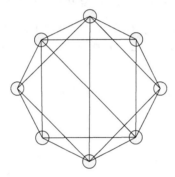

图 8.5　小世界网络

由于小世界网络原理来源于"六度分离"原理，因此基于这种结构的搜索算法的信息传递速度快，具有较快的收敛速度，不易陷入局部最优。在这样的系统里，少量改变几个连接，就可以剧烈地改变通信网络的性能。实际的人类社会、自然生态系统等信息交流网络都具有"小世界"效应，可用小世界网络来模拟现实的复杂网络。

8.4.3　无标度网络

无标度网络具有严重的异质性，其各节点之间的连接状况（度数）具有严重的不均匀分布性：网络中少数称为 Hub 点的节点拥有极其多的连接，而大多数节点只有很少量的连接，如图 8.6 所示，阴影的点为 Hub 点。少数 Hub 点对无标度网络的运行起着主导的作用。从广义上说，无标度网络的无标度性是描述大量复杂系统整体上严重不均匀分布的一种内在性质。现实中的许多网络都带有无尺度的特性，例如因特网、金融系统网络、社会人际网络等等。

无标度网络和小世界网络的最大区别是它们的度分布的差别，无标度网络的度分布是幂函数，小世界是钟形正态分布。实际上小世界和随机网络的度分布相似，点与点之间的连接是随机的，所以都是钟形正态分布，但是小世界的点与点之间路径最短。

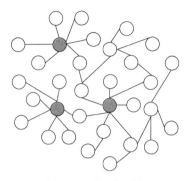

图 8.6　无标度网络

8.4.4　布尔网络

生物系统的运行是一个复杂的动态过程，基因调控网络（也称基因网络）就是从系统层次上对生物系统进行研究的一个重要分枝。在目前提出的许多模型当中，布尔网络模型可以很好地描述生物系统这一复杂的调控特性。它将系统中的各种循环状态映射为不同的吸引子区域，区域之外的状态树或子树都定义为暂态，随着时间变化系统逐渐从暂态向吸引子区域进行动态跃迁。

20 世纪 60 年代初，诺贝尔奖获得者、法国生物学家弗朗索瓦·雅各布和雅克·莫诺通过对埃希大肠杆菌的研究，提出了遗传控制回路的理论，即细胞中的基因能够形成遗传回路，基因之间能够相互关闭和开启，并且认为细胞的分化由这种回路控制，也正是这些基因的相互作用协调着细胞的行为，从而使个体发生学进入了一个新的阶段。1969 年，Kauffman 发表文章提出了布尔网络模型，为系统生物学的基因调控网络研究提供了一种有效直观的新方法[13]。

布尔网络提供了一个利用离散动力学过程来刻画基因网络的表达模式的概念框架。用布尔网络来描述基因相互关系不需要具体的生化细节，它提供了一个定性描述基因网络中的最根本的关系和从属关系的工具。布尔网络的动力学过程的吸引子对应细胞的状态，建立了吸引子的动力学过程与细胞状态变化的关系。

图 8.7 为由三个节点构成的一个简单布尔网络配线图，A 激活 B，B 激活 A 和 C，C 抑制 A。三个基因节点的布尔网络系统有 $2^3 = 8$ 个系统状态，在网络系统演化的动力学过程中，系统状态的时间转换序列可动态汇聚于状态空间的循环模式，该重复状态模式被称为一个吸引子，所有导向吸引子的向心力轨迹形成了吸引子区域。如有一个节点是单状态节点的吸引子，该吸引子周围可覆盖五个状态；如有一个具有两状态节点的吸引子，其周围可覆盖三个状态。同一网络系统根据不同的初始状态以及逻辑调控规则会随着时间的迁移产生不同的状态演化轨迹，并最终汇聚于可能不同的吸引子循环区域。

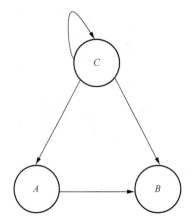

图 8.7　三个节点的布尔网络配线图

8.5　"引力/斥力"模型

从生物角度而言，在生物觅食过程中，个体会通过共享信息，并由此移动到更优地点进行觅食。与此相通的物理理论是，分子间同时存在着引力和斥力，实际表现出来的是引力和斥力的合力，此合力会引导分子移动到另外一个位置。综上，不论是生物的共享信息机制还是分子的合力引导机制，都可以统称为个体感知能力。当确定了感知范围后，感知模型的设计核心就在于个体间作用力规则以及个体间虚拟作用力计算表达式的制定。不同的作用力规则将会使算法涌现不同的智能行为。因此，如何合理设计个体间作用力计算表达式是一个关键问题。

受"分子间同时存在着引力和斥力，实际表现出来的是引力和斥力的合力"。的物理理论的启发，一些研究者开始采用引力/斥力法构建群体动力学模型，并开始揭示群体集群行为的内在机理。"吸引–排斥"原则是指个体之间的相互作用具有长程吸引和短程排斥的性质。这一相互作用特性在物理系统、生物系统和社会系统中都有普遍的意义，具有一般性。

集群行为的最初建模工作是由生物学家完成的。生物学家 Breder 于 1951 年将群体中个体间的相互作用为引力、斥力这一建模思想进行拓展用于鱼群聚集机理的研究。1954 年，Breder 撰文发布了相关的研究成果[14]，这是该领域采用引力/斥力法构建群体动力学模型的最初实例之一，其揭示了"远则吸引，近则排斥"的群体集群行为原则，构建了梯度型引力/斥力群体动力学模型，该模型中的引力项函数和斥力项函数均被设置为与群内任意两个个体间的距离的平方成反比，并针对性地将由其运算出的理论数据与从实际的鱼群聚集行为中测试而得的相关数据进行严格比对后，经过调整模型的结构，得出了所建集群模型中需要的较为理想且贴近实情的关键参数取值。随后，Warburton 和 Lazarus 于 1991 年构建出了一系列非梯度型引力/斥力群体动力学模型[15]，用于研究群体的内聚性，并取得了良好的效果。此后，各种生物群体集群模型便相继产生。

　　从目前的文献研究来看，有的算法只考虑了个体间的吸引力，有的算法考虑的是个体感知力可随个体间距离变化而变化，有的算法考虑的则是引力和斥力并存的感知力，等等。下面介绍相关的全局感知模型。

8.5.1　A/R 方法

　　基于社会人工势场（social artificial potential fields）由 Gazi 和 Passino 共同提出[16,17]，是受"吸引–排斥"前期工作所赋予的灵感启发，表征个体间相互作用关系的 A/R 模型。A/R 模型在形式上是一个基于全局信息的各向同性群体模型。该模型所描述的智能群体系统中的若干智能个体间的交互作用强度同一，其本质上是一个运动学模型。这一方法受物体运动物理规律的启发，通过在个体的运动空间中人为地设置"势场"，使个体从高"势能"向低"势能"运动，从而完成避开危险区域、走向运动目标的任务。

　　人工势场论方法运用群体内个体间相互的虚拟吸引力和虚拟排斥力共同作用而产生的虚拟合力来协调整个群体系统。此方法中，两个体间遵循"远则吸引，近则排斥"的原则。此模型及其改进模型（梯度型引力/斥力群体动力学模型，非梯度型引力/斥力群体动力学模型等）在形式上都是一个基于全局信息的群体模型，所描述的智能群体系统中的若干智能个体间的交互作用强度同一，其本质上都是一个运动学模型。

　　考虑在 n 维欧几里得空间中有一由 M 个成员组成的群体，建模时将个体视为尺寸可以忽略不计的质点，个体 i 的空间位置信息用 $x^i \in R^n$ 描述。假定群体中个体间信息传递没有时滞，所有个体成员均同步运动且任意个体能立即精确地获悉群体中所有其他个体成员的位置信息。运动动力学以连续时间方式演化。该群体系统中第 i 个个体的运动方程为如下：

$$x^i = \sum_{j=1,j\neq i}^{M} g(x^i - x^j), \ i = 1, \cdots, M \qquad (8.11)$$

式中，$g(\bullet)$ 为表示个体成员间引力/斥力的人工势场函数，如下所示：

$$g(y) = -y\left[a - b\exp\left[-\frac{\|y\|^2}{c}\right]\right] \qquad (8.12)$$

其中，a、b、c 均为正常数，$b > a > 0$，2-范数 $\|y\| = \sqrt{y^T y}$，且 $y \in R^n$。两个体间是吸引力还是排斥力占主导作用，遵循"远则吸引，近则排斥"的原则。

8.5.2　拟态物理学方法

拟态物理学（artificial physics，AP，或称为 physicomimetics）是由 Spears 等于 2005 年提出的[18]，是一种模拟物体间存在虚拟力作用以及物体运动遵循牛顿力学定律的方法。本质上，AP 方法模拟了牛顿第二定律 $F=ma$。该方法最初应用于群机器人编队任务，通过个体间简单的引斥力规则就可以使群体涌现智能行为，从而实现整个系统的分布式复杂控制，为分布式群机器人控制提供了一条有效途径。目前，AP 方法主要应用于机器人的编队、覆盖和避障等问题。

在拟态物理学框架中，机器人被抽象为在二维或三维空间中运动的微粒。每个微粒都有坐标 X 和速度 V。微粒在空间中的连续运动用多个极小离散时间片断 Δt 内的位移量 ΔX 近似描述。在每个时间段 Δt 内，微粒的位移量 $\Delta X = V\Delta t$，速度变化量 $\Delta V = F\Delta t / m$，其中，F 为微粒受其他微粒和环境作用力的合力，m 为微粒的质量。因此，微粒在时刻 t 的位置为 $X(t) = X(t-1) + V(t)\Delta t$，速度为 $V(t) = V(t-1) + F\Delta t / m$。用 $F_{\max}$ 限定每个微粒所受力的最大值，这样可以用来限制微粒的加速度，用 $V_{\max}$ 限定每个微粒运动速度的最大值。

基于拟态物理学原理的机器人编队，利用牛顿万有引力定律定义机器人之间的虚拟作用力的大小，表示如下：

$$F = G\frac{m_i m_j}{r^p} \tag{8.13}$$

式中，$F < F_{\max}$；r 为机器人之间的距离；G 为万有引力常数；p 是用户定义的一个权重，取值范围是[-5,5]。一般情况下假设 $p=2$，$F_{\max} = 1$。所有机器人的虚拟质量都设置为 1，即 $m_i = 1$。当 $r < R$ 时，虚拟力表现为斥力；当 $r > R$ 时，虚拟力表现为引力；当 $r = R$ 时，微粒间斥力和引力达到平衡。这里，称 R 为引斥力平衡距离。

1. 类电磁机制算法

类电磁机制（electromagnetism-like mechanism，EM）算法是由 Birbil 和 Fang 受电磁理论中电荷的吸引-排斥机制的启发提出的新的启发式算法[19]。

根据物理学中的库仑定律，在真空中两个点的电荷之间存在着相互作用力，作用力的大小与二者所带电量的乘积成正比，与二者之间距离的平方成反比，作用力的方向沿着它们的连线，同种电荷互相排斥，异种电荷互相吸引。EM 算法受库仑定律的启发，每个搜索粒子都被看成是空间中的一个带电粒子，粒子的电量由粒子所在位置的适应值来确定。

EM 算法由四个步骤组成：初始化、局部搜索、合力计算和微粒移动。下面分别简要介绍。

（1）初始化。从可行域中随机抽取 m 个粒子 $x_i = \{x_i^1, x_i^2, \cdots, x_i^n\}, i = 1, 2, \cdots, m$，即 n 维空间中的一个点 x_i 是种群中第 i 个粒子，x_i^k 是第 i 个粒子的第 k 维。各维坐标在 $[l_k, u_k]$ 上随机初始化得到，l_k、u_k 分别是第 i 个粒子第 k 维的下界和上界。计算每个粒子的目标函数值 $f(x)$，即粒子的适应值。全部 m 个粒子初始化结束之后，选出目标函数值最优的点记为 x_{best}。

（2）局部搜索。局部搜索用于获取粒子的有效局部信息。

参数 iter 和 δ 分别代表局部搜索迭代次数和步长增幅。局部搜索按照如下的过程迭代。

首先，利用参数 δ（$\delta \in [1, 0]$）计算得到可行的最大步长。

其次，对于给定的粒子 x_i，根据坐标逐次进行搜索。在开始搜索之前，将需要进行局部搜索的粒子 x_i 的各个参数信息临时赋给一个新生成的粒子 y，选择一个随机数作为步长（不超出最大步长），粒子 y 沿着 x_i 合力方向移动。如果 y 在规定的迭代次数之内搜索到适应值更好的位置，则 y 中存储的参数信息代替 x_i 中相应的原有信息。

最后，对于 x_i 的局部搜索，更新全局最优粒子 x_{best}。

（3）合力计算。根据库仑定律，空间中带电微粒之间的作用力大小与微粒之间的距离平方成反比，与所带电量成正比。由此类推，在每一次迭代中都需要通过各个粒子的目标函数值来决定每个点的电量。但是，每个粒子的电量并非不变，而是随着迭代次数的增加发生变化。电量的计算公式如下：

$$q_i = \exp(-n \frac{f(x_i) - f(x_{\text{best}})}{\sum_{k=1}^{n} f(x_k - f(x_{\text{best}}))}) \qquad \forall i \qquad (8.14)$$

式中，q_i 是第 i 个粒子所带电量。

确定了粒子的电量之后，对于粒子 x_i 和粒子 x_j，比较它们的适应值之后决定作用力的方向。施加在粒子 x_i 上的合力计算公式如下：

$$F_i = \sum_{j \neq i}^{n} \begin{cases} (x^j - x^i) \dfrac{q^i q^j}{\left\| x^j - x^i \right\|^2}, & f(x_j) < f(x_i) \\[4mm] (x^i - x^j) \dfrac{q^i q^j}{\left\| x^j - x^i \right\|^2}, & f(x_i) < f(x_j) \end{cases} \qquad (8.15)$$

式中，F_i 是第 i 个粒子所受合力。

以两个粒子为例，目标函数值较优的粒子吸引目标函数值较差的粒子，目标函数值较差的粒子排斥目标函数值较优的粒子。X_{best} 具有最优的目标函数值，在算法中充当绝对吸引粒子，吸引种群中所有的粒子，被其他所有粒子排斥。

（4）微粒移动。计算出粒子所受合力之后，就要沿着合力的方向以一个随机的步长移动粒子，步长 λ 在[0,1]上均匀分布。另外，为了保证粒子能够以非零的概率移动到未搜索到的区域，采用了随机步长向量，它的分量代表对于某一维来讲朝着上界或是下界可行的移动步长。而且，每一个粒子的合力均归一处理，以保证可行性。

$$x_i = x_i + \lambda \frac{F_i}{\|F_i\|} \text{RNG} \quad \forall i \tag{8.16}$$

式中，RNG 为随机向量，它的第 k 维取值为 $u_k - x_i^k$ 或是 $x_i^k - l_k$。

类电磁机制算法主要实现步骤如下。

步骤 1：随机初始化群体，计算各粒子的适应值及目标函数最优点。

步骤 2：进行局部搜索，并更新局部最优值。

步骤 3：计算电荷及合力。

步骤 4：沿合力方向移动粒子。

步骤 5：若满足终止条件，则输出当前结果并终止算法，否则转向步骤 2。

2. 中心引力优化算法

中心引力优化（central force optimization，CFO）算法是由 Formato 年提出的[20]，是一种基于重力场运动的启发式算法。它将群体中的成员描述成带有质量的粒子，模拟粒子在引力的作用下相互影响，产生加速度和速度，在决策空间中飞行。迭代公式就是类比粒子在引力场作用下的位置和加速度公式。在物理学的三维空间中，物体被比自身引力大的物体吸引到身边，绕其运动，类似于找出目标函数的最优值，即其他点被最优点"吸引"，向其靠近。在 CFO 算法中，质量是由用户定义的，一般情况下为目标函数的适应值。

具体过程如下：在一个 D 维搜索空间内，经过 $j-1$ 次迭代产生的 N_p 个质点 $x_{j-1}^1, x_{j-1}^2, \cdots, x_{j-1}^{N_p}$，根据万有引力定律构造加速度公式：

$$a_{j-1}^i = G \sum_{\substack{k=1 \\ k \neq i}}^{N_p} U(M_{j-1}^k - M_{j-1}^i) \cdot (M_{j-1}^k - M_{j-1}^i)^\alpha \frac{(x_{j-1}^k - x_{j-1}^i)}{\left\| x_{j-1}^k - x_{j-1}^i \right\|^\beta} \tag{8.17}$$

式中，$M_{j-1}^i = f(x_{j-1}^i)$；$U(z) = \begin{cases} 1, z \geq 0 \\ 0, z < 0 \end{cases}$；$G$ 是一个常数。新的质点产生公式如下：

$$x_j^i = x_{j-1}^i + v_{j-1}^i \Delta t + \frac{1}{2} a_{j-1}^i (\Delta t)^2 \tag{8.18}$$

式中，v_{j-1}^i 是质点 v^i 在 $j-1$ 次迭代后的速度，取值 $v_{j-1}^i = x_{j-1}^i - x_{j-2}^i/\Delta t$；$\Delta t$ 是运动的时间。Formato 取 $v_{j-1}^i = 0$，$\Delta t = 1$。

中心引力优化算法主要实现步骤如下。

步骤 1：初始化每个粒子的加速度和位置，令 $a_o^{p,j} = 0$，$x_o^{i,j} = a_j + \mathrm{rand}(b_j - a_j)$，$i = 1,2,\cdots,N$，$j = 1,2,\cdots,D$，其中 b_j、a_j 是决策变量第 j 个分量的上限、下限，令 $t = 1$。

步骤 2：把目标函数看成适应值函数，计算每个粒子的适应值，并确定最优粒子位置 R^{pg}。

步骤 3：用式（8.17）更新粒子的加速度。

步骤 4：用式（8.18）更新粒子的位置。

步骤 5：防止粒子超出约束边界处理。

步骤 6：对每个粒子，计算其适应值，将其与最优粒子进行比较，若优于最优粒子，则将其作为最优粒子。

步骤 7：若满足停止条件，则停止，否则令 $t = 1$，返回步骤 3。

3. 拟态物理学优化算法

拟态物理学优化（artificial physics optimization，APO）算法由谢丽萍和曾建潮于 2010 年提出[21]。该算法基于拟态物理学和种群的优化算法的映射关系，通过建立个体间与适应值优劣有关的简单引斥力规则，使得适应值较好个体吸引适应值较差个体，适应值较差个体排斥适应值较好个体，最优适应值个体对其他所有个体都具有吸引力，但却不受到其他个体的作用力。整个种群就是在这种引斥力的作用下向更好的搜索区域进行寻优搜索，整个种群经历的最好位置就是当前的全局最优解。

APO 算法中，若群体规模为 n，则第 i 个（$i = 1,2,\cdots,n$）个体的质量表示为 m_i，第 k 维的速度用 $v_{i,k}$ 来表示，第 k 维的位置表示为 $x_{i,k}$，受到第 j 个（$i \neq j$）个体的虚拟力为 $F_{ij,k}$，受到群体中所有其他个体总的作用力为 $F_{i,k}$。个体的质量 m_i 由下面公式决定：

$$m_i = \mathrm{e}^{\frac{f(X_{\text{best}}) - f(X_i)}{f(X_{\text{worst}}) - f(X_{\text{best}})}} \tag{8.19}$$

式中，X_{best} 表示当前种群中的最优个体；X_{worst} 表示当前种群中的最差个体；$f(X_{\text{best}})$ 表示最优个体的目标函数值；$f(X_{\text{worst}})$ 表示最差个体的目标函数值；$f(x_i)$ 表示个体 i 的目标函数值。

从式（8.19）可以看出，个体质量在区间$(0,1]$内变化，即 $m \in (0,1]$，并且满足

$m_{\text{best}} = 1$。质量函数是一个非负有界单调递减函数，这样，个体的目标函数值越小，个体的质量就越大；反之，个体的目标函数值越大，个体的质量越小。因此，个体的质量可以反映出个体适应值的优劣。

个体 i 在第 k 维上受到个体 j 的虚拟作用力 $F_{ij,k}$ 及个体 i 在第 k 维上受到其他个体的合力 $F_{i,k}$ 由下列公式决定：

$$F_{ij,k} = \begin{cases} Gm_i m_j (x_{j,k} - x_{i,k}), & f(x_i) > f(x_j) \\ -Gm_i m_j (x_{j,k} - x_{i,k}), & f(x_i) \leqslant f(x_j) \end{cases} \quad \forall i \neq j \text{且} i \neq \text{best} \quad (8.20)$$

$$F_{i,k} = \sum_{\substack{j=1 \\ i \neq j}}^{n} F_{ij,k} \quad \forall i \neq \text{best} \quad (8.21)$$

式中，G 是引力常数；$x_{j,k} - x_{i,k}$ 表示个体 j 到个体 i 在第 k 维上的距离；$F_{ij,k} = 0$。适应值好的个体对适应值差的个体有引力作用，适应值差的个体对适应值好的个体有斥力作用，作用力的大小和方向由式（8.20）给出。同时，全局最优个体不受其他个体的作用力。式（8.21）描述了种群中除最优个体外的任一个体 i 在第 k 维上受到其他个体的合力。

个体 i 根据下面公式来更新自己的速度和位置：

$$\begin{aligned} v_{i,k}(t+1) &= wv_{i,k}(t) + \lambda F_{i,k} / m_i, \quad \forall i \neq \text{best} \\ x_{i,k}(t+1) &= x_{i,k}(t) + v_{i,k}(t+1), \quad \forall i \neq \text{best} \end{aligned} \quad (8.22)$$

式中，w 是惯性权重，取值在 $(0,1)$；λ 是服从 $\lambda \sim N(0,1)$ 的随机数。个体的运动空间和速度均受到限制，即 $X_i \in [X_{\min}, X_{\max}], V_i \in [V_{\min}, V_{\max}]$。

从式（8.22）可以看出，对于全局最优个体，其速度和位置不进行更新，而是被保留下来，进入下一次的迭代。

拟态物理学优化算法主要实现步骤如下。

步骤 1：初始化种群。在问题可行域中随机产生种群个体的初始位置和速度，计算每个个体适应值，找到全局最优个体及全局最差个体。

步骤 2：计算个体所受合力。

（1）根据式（8.19）计算个体质量。

（2）根据式（8.20）计算个体所受其他个体的虚拟力。

（3）根据式（8.21）计算个体所受合力。

步骤 3：个体运动更新。

（1）根据式（8.22）计算个体的下一代速度和位置。

（2）计算个体适应值，更新种群最优个体、最差个体及相应的适应值。

步骤 4：判断是否满足结束条件，若满足，则停止计算，并输出最优结果；若不满足则返回步骤 2，进行下一轮迭代。

4. 万有引力搜索算法

受万有引力定律启发，Rashedi 等于 2009 年提出一种集群智能优化算法——引力搜索算法（gravitational search algorithm，GSA）[22]。GSA 的原理来自物理学中最常见的万有引力现象，通过模拟粒子之间引力作用引起的相互趋向运动来指导寻优的过程。

万有引力搜索算法在求解优化问题时，搜索个体的位置和问题的解相对应，并且还要考虑个体质量。个体质量用于评价个体的优劣，位置越好，质量越大。由于引力的作用，个体之间相互吸引并且朝着质量较大的个体方向移动，个体运动遵循牛顿第二定律。随着运动的不断进行，最终整个群体都会聚集在质量最大个体的周围，从而找到质量最大的个体，而质量最大个体占据最优位置。因此，算法可以获得问题的最优解。

在 GSA 中，每个个体有四个属性：位置、惯性质量、主动引力质量和被动引力质量。每个个体的位置对应一个问题的解决方法，由它们的引力和惯性质量应用的适应度函数决定。

万有引力搜索算法首先在解空间和速度空间分别对位置和速度进行初始化，其中位置表示问题的解。例如，d 维空间中的第 i 个搜索个体的位置和速度分别表示为

$$X_i = (x_i^1, \cdots, x_i^d, \cdots, x_i^n) \tag{8.23}$$

$$V_i = (v_i^1, \cdots, v_i^d, \cdots, v_i^n) \tag{8.24}$$

式中，x_i^d 和 v_i^d 分别表示个体 i 在第 d 维的位置分量和速度分量。通过评价每个个体的目标函数值，确定每个个体的质量和受到的引力，计算加速度，并更新速度和位置。

（1）计算质量。个体 i 的质量定义如下：

$$m_i(t) = \frac{\text{fit}_i(t) - \text{worst}(t)}{\text{best}(t) - \text{worst}(t)} \tag{8.25}$$

$$M_i(t) = \frac{m_i(t)}{\sum_{i=1}^{N} m_j(t)} \tag{8.26}$$

式中，$\text{fit}_i(t)$ 和 $M_i(t)$ 分别表示在第 t 次迭代时第 i 个个体的适应度函数值和质量；$\text{best}(t)$ 和 $\text{worst}(t)$ 表示在第 t 次迭代时所有个体中最优适应度函数值和最差适应度函数值，对最小化问题，其定义如下：

$$\text{best}(t) = \min_{j \in \{1,2,\cdots,N\}} \text{fit}_j(t), \quad \text{worst}(t) = \max_{j \in \{1,2,\cdots,N\}} \text{fit}_j(t) \quad (8.27)$$

（2）计算引力。该算法源于对万有引力定律的模拟，但不拘泥于物理学中的万有引力公式的精确表达式。在第 d 维上，个体 j 对个体 i 的引力定义如下：

$$F_{ij}^d(t) = G(t) \frac{M_{pi}(t) \times M_{aj}(t)}{R_{ij}(t) + \varepsilon} (x_j^d(t) - x_i^d(t)) \quad (8.28)$$

式中，ε 是一常数，防止分母为零；$R_{ij}(t)$ 表示个体 i 和 j 之间的欧几里得距离，$R_{ij}(t) = \|X_i(t), X_j(t)\|_2$；$G(t)$ 表示在 t 次迭代时万有引力常数的取值，$G(t) = G(G_0, t)$。在第 d 维上，个体 i 所受的合力为

$$F_i^d(t) = \sum_{j \in k_{\text{best}}, j \neq i}^{N} \text{rand}_j F_{ij}^d(t) \quad (8.29)$$

式中，rand_j 表示服从[0,1]之间均匀分布的一个随机变量；k_{best} 表示个体质量按降序排在前 k 个的个体，并且 k 的取值随迭代次数线性减小，初值为 N；ε 终值为 1。

（3）计算加速度。根据牛顿第二定律，个体 i 在第 d 维的加速度方程为

$$a_i^d(t) = \frac{F_i^d(t)}{M_{ii}(t)} \quad (8.30)$$

（4）更新速度和位置。

$$v_i^d(t+1) = \text{rand}_i \times v_i^d(t) + a_i^d(t), \quad x_i^d(t+1) = x_i^d(t) + v_i^d(t+1) \quad (8.31)$$

式中，r 表示在[0,1]服从均匀分布的一个随机变量。

万有引力算法主要实现步骤如下。

步骤 1：随机初始化群体中各个体的位置，个体的初始速度为零。

步骤 2：计算每个粒子的适应值。

步骤 3：更新 $G(t)$、$\text{best}(t)$、$\text{worst}(t)$、$M_i(t)$。

步骤 4：计算个体所受到的合力。

步骤 5：计算加速度和速度。

步骤 6：更新个体位置。

步骤 7：若满足终止条件，则输出当前结果并终止算法，否则转向步骤 2。

8.5.3　外部作用力

集群运动中的智能个体的运动状态由内部环境（群内个体间的吸引力和排斥力）和外部环境（局部感知环境）同时决定。受环境制约的智能个体只有通过适时地、不断地调整自身的动态行为，并经自主演化后才能使整个群体协同动作，

涌现出集群智能。譬如，就以群机器人系统而言，在未知或动态变化的环境中，如何使群机器人智能协作系统采用经由生物集群行为启发制定的控制律得以安全运行并共同协作完成复杂任务，考虑其所处的特定的环境因素就显得至关重要。可见，智能个体感知环境的建模极其必要，它将影响整个智能群体系统总体协作性能的发挥。考虑外部环境因素并经调整后的个体运动方程为

$$x^i = \sum_{j=1, j \neq i}^{M} g(x^i - x^j) + w_{io} u_i, \quad i = 1, \cdots, M \tag{8.32}$$

式中，u_i 表示外部作用；若个体 i 受外部作用影响则取 $w_{io} = 1$，否则 $w_{io} = 0$。上面方程中的 u_i 可以有不同的实现方式。

（1）传统的控制输入也可以是"领航者"（leader-follower）模型中的"leader"。对于个体数量多，或者控制任务复杂的系统，可采用"multi-leader"方式。

（2）借鉴生物"觅食"机理的营养面模型，描述群体所处的感知环境对群体行为的影响。表示群体内的所有个体成员将在该营养面环境中朝着势能较低的区域运动（类似于目的地）及远离高势能的区域（类似于障碍物），其前提是假定智能个体知道它们在所处空间位置上的梯度。

集群智能优化算法最显著的特点是强调个体之间的相互作用，这种相互作用可以是个体间直接或间接的通信。上述这些"引力/斥力"算法属于智能优化算法，各种"力"也相当于是一种信息传递的工具，实现个体间的优化信息共享，整个群体在力的作用下进行优化搜索。信息的交互过程不仅在群体内部传播了信息，而且群体内所有个体都能处理信息，并根据其所得到的信息改变自身的搜索行为，这样就能使得整个群体涌现出一些单个个体所不具备的能力和特性。也就是说，在群体中，个体行为虽然简单，但是个体通过得到的信息相互作用以解决全局目标，信息在整个群体的传播使得问题能够比由单个个体求解更加有效地得到解决。

8.6　集群行为仿真模型及平台

集群行为属于典型的复杂系统，由于复杂系统具有涌现、非线性、复杂的关联性等特点，不能用还原论的途径从上而下建立系统的分析模型，再用演绎方法从微观组成的行为特性推理出宏观系统的行为特性。同时，复杂系统在本质上是不可重复系统，影响系统演化的不可控因素太多，特定的现象或过程在现实系统中无法重现。这不但使归纳方法缺乏足够的经验数据，而且很难发现影响因素与特定模式之间的关联，无法解释宏观系统复杂性形成的内在原因。

因此，系统仿真作为一种实验方法，是复杂系统与复杂性研究中一种重要的

甚至是不可替代的科学方法。通过对复杂系统进行建模与仿真，能够揭示演化、涌现、自组织、自适应、自相似等复杂性形成的内在原因，理解复杂系统中微观组成与宏观系统之间的内在联系。系统仿真并不排斥演绎方法和归纳方法，仿真模型往往建立在逻辑推理的基础之上，而在实验分析中结合归纳方法，能够进一步找出其中隐含的规律性。

经过 20 多年的发展，复杂系统建模与仿真已经具有相当成熟的演化模型及平台，如仿真平台中的 Swarm、NetLogo、RePast、Mason 等，以及元胞自动机演化模型。本章重点介绍其中著名的 Swarm 仿真平台和元胞自动机模型。

8.6.1　仿真平台简介

1. Swarm

Swarm 是圣达菲研究所（Santa Fe Institute，SFI）构建的一款仿真平台[23,24]。Swarm 的开发初衷在于为科学工作者提供程序语言和工具包，使他们把更多的精力集中于专业模型的建立，其本意在于广泛使用的交叉学科领域。Swarm 的关键理念之一在于模型与观测分离，且为执行试验和结果观测提供一个虚拟的实验室。关键概念之二在于 Swarm 的层次结构，一个 Swarm 是一组对象和一个对象活动的时间表，一个 Swarm 能将多个底层 Swarm 计划在高层 Swarm 中，简单的模型可以是在观察员 Swarm 中有一个底层模型 Swarm。

2. NetLogo

NetLogo 由 Tisue 和 Wilensky 首次提出[25,26]。NetLogo 清晰体现了一款教育工具的特征，其初衷是提供一款高层次的仿真平台，同时保证对平台的学习有一个低的接入点。它采用 Logo 程序语言，包括许多高层结构，可有效节约在程序编制上的花费。NetLogo 满足特定类型的模型：移动的主体在网格空间并行地活动，存在局部交互。这种类型的模型在 NetLogo 平台执行更为容易，平台对此类模型没有任何限制。NetLogo 自身带有模型，用户可以改变多种条件的设置，体验多主体仿真建模的思想，进行探索性研究。利用 NetLogo 的 HubNet 版，学生可以在教室里通过网络或者手持设备来控制仿真环境中的主体。

3. RePast

RePast 起源于芝加哥大学和阿尔贡国家实验室，并从 Swarm 中借鉴了很多设计理念，形成一个"类 Swarm"的模拟软件架构[27]。它的开发更侧重于支持社会科学领域，还包括面向社会科学领域模型的专用工具。另外，RePast 还通过其他几个方面使得模型的建立更加容易，包括内置简单的模型，它的菜单的接口和

Python 代码能用于模型的构建。RePast 提供了多个类库,用于创建、运行、显示和收集基于主体的模拟数据,并提供了内置的适应功能,如遗传算法和回归等。它包括不少模板和例子,具有支持完全并行的离散事件操作、内置的系统动态模型等诸多特点。

4. Mason

Mason 是乔治梅森大学用 Java 开发的离散事件多主体仿真核心库[28]。Mason 平台的设计体现了软件更小且运行速度更快的特点,它聚焦于对计算有严格要求模型的支持,模型可以包含大量主体且多次反复。Mason 的设计目的在于最大化执行速度,保证不同平台仿真结果的完全重现。Mason 提供的非绑定化图形化接口、停止仿真和在不同计算机间移动对于一个长时间的仿真也是非常重要的选项。其结构精巧,运行速度快,可在多台计算机间分配任务,提供的工具可以自由组合,图形显示界面可以装配/拆卸,这对于经验丰富的程序员实现密集型仿真是个好的选择,Mason 的开发意图面向更一般,不是面向特定领域的工具。在这些平台中 Mason 是最不成熟的,基本的随机数和图形化接口正在添加中,但它具有快速、灵活和便携的特点。它本身支持轻量级的模拟需求,自含模型可以嵌入到其他 Java 应用当中,还可以选择二维和三维图形显示。

8.6.2 Swarm 平台

1. Swarm 平台简介

Swarm 平台是利用人工智能和计算机科学领域的最新研究成果,采用基于主体(agent)、自下而上(bottom-up)面向对象的仿真建模方法,直接模拟组成系统的微观主体行为,以及主体与主体之间的相互作用,研究宏观系统的整体行为,实现对复杂适应系统的模拟仿真。

Swarm 实际上是一个面向对象的软件包,它是一个用于复杂适应系统仿真的多智能平台,可以为物理、生物以及经济学等众多的学科提供比较一般性的框架。

Swarm 实质上属于一个事先编好的类,并提供了标准的图形、环境、建模类,使得研究者只需要关注自己所建立的模型。然后使用 Swarm 的类库将模型中不同主体的行为与特征进行定义,并给出运行的时间表,这样就能从 Swarm 的观察窗口里获得仿真的结果。

人们还能通过修改初始输入的参数,随时观察系统的当前状态,进一步了解输入参数对于仿真运行结果的影响,以此找出模型中关键的因素以及这些因素之间的联系,最终从本质上把握系统的演化规律。

2. Swarm 平台的起源与发展

因为复杂研究的一个目标是发现不同系统之间的普适性，即在众多不相关的系统中发现共同的特征，比如共同的拓扑模式特征或相似的动力学机制等。在这样的背景下，人们希望构造一个基于主体的标准平台，方便研究者之间的交流，增加建模研究的透明性，增加人们对于基于主体模型研究的理解，形成学科规范并获得科学共同体的认可。

Swarm 是美国圣达菲研究所于 1994 年在复杂适应系统理论基础上开发的一个标准的计算机仿真多主体软件工具集，它提供了一个高效率、可信、可重用的软件实验平台。1995 年，圣达菲研究所发布了 Swarm Beta 版，可在 UNIX 操作系统和 X Windows 界面下运行，约 30 个用户团体安装了 Swarm 并用它开展建模工作。1998 年 1.1 版发布，可以在 Windows 95、98 和 NT 上运行。早期的 Swarm 采用 Objective-C 语言，该语言没有友好的开发环境，并且错误检查能力弱、没有垃圾回收能力、文档资料较少等。鉴于这些缺点，1999 年 Swarm2.0 版本被推出，它支持 Java 语言，有利于非计算机专业人员的使用。2002 年 Swarm2.2 版本发布，它支持包括 Windows XP 在内的多种环境。

开发 Swarm 的目的就是通过科学家和软件工程师的合作，制造一个高效率、可信且可重用的软件实验仪器。它能给予科学家们一个标准的软件工具集，就像提供了一个设备精良的软件实验室，帮助人们集中精力于研究工作而非制造工具。目前的 Swarm 库提供了大量基于主体模型设计中需要考虑的要素，包括图形输出的算法和用户界面的管理等，即用户可以使用 Swarm 提供的类库构建模拟系统，使系统中的主体和元素通过离散事件进行交互。由于 Swarm 没有对模型和模型要素之间的相互作用做任何限制，只是提供了统一的模型架构，所以 Swarm 可以模拟任何物理系统、经济系统或社会系统。

3. Swarm 平台体系架构

一个完整的 Swarm 程序一般包括四类对象：模型 Swarm（ModelSwarm）、观察员 Swarm（ObserverSwarm）、模拟主体（Agent）和环境。主体可以是单个的个体，也可以是个体的集合或者简单个体聚集生成的高一级的个体。

（1）模型 Swarm。模型 Swarm 是由许多个体（对象）组成的一个群体，这些个体共享一个行为时间表和内存池。它有两个主要的组成部分：①一系列对象（Object）；②这些对象的行为时间表（Action），时间表就像一个索引，引导对象动作的顺序执行。

对象的集合是指模型 Swarm 中的每一项对应模型世界中的每一个对象（个体）。Swarm 中的个体就像系统中的演员，是能够产生动作并影响自身和其他个体的一个实体。除了对象的集合，模型 Swarm 还包括模型中行为的时间表。时间表是一个数据结构，定义了各个对象的独立事件发生的流程，即各事件的执行顺序。通过确定合理的时间调度机制，可以使用户在没有并行环境的状况下也能进行研究工作。另外，模型 Swarm 还包括一系列输入和输出。输入是模型参数，如世界的大小、主体的个数等环境参数；输出是可观察的模型的运行结果，如个体行为等。

（2）观察员 Swarm。模型 Swarm 只是定义了被模拟的世界，但是一个实验不应只包括实验对象，还应包括用来观察和测量的实验仪器。在 Swarm 计算机模拟中，这些观察对象放在观察员 Swarm 中。观察员 Swarm 中最重要的组件是模型 Swarm。它就像实验室中一个培养皿中的世界，是被观测的对象。观察员对象可以向模型 Swarm 输入数据（通过设置模拟参数），也可以从模型 Swarm 中读取数据（通过收集个体行为的统计数据）。

与模型 Swarm 的设置相同，一个观察员 Swarm 也由对象（即实验仪器）、行为的时间表和一系列输入输出组成。

（3）模拟主体。Swarm 不仅可以是一个包含其他对象的容器，还可以是一个不包含其他对象的主体本身。这是最简单的 Swarm 情形，它包括一系列规则、刺激和反应。而一个主体自身也可以作为一个 Swarm，包含一个对象的集合和动作的时间表。在这种情况下，一个主体 Swarm 的行为可以由它包含的其他个体的表现来定义。层次模型就是这样由多个 Swarm 嵌套构成。

（4）环境。在一些模型中，特别是在那些具有认知部件的个体模拟中，系统运动的一个重要因素在于一个主体对于自己所处环境的认识。Swarm 的一个特点就是不必设计一个特定类型的环境，环境自身就可以看成一个主体。通常情况下，主体的环境就是主体自身。

4. Swarm 平台建模步骤

基于 Swarm 平台的建模仿真实验步骤如下。

步骤 1：创建包括时间和空间的人工系统环境，该环境能够让主体在其中活动，能够让主体观察周围环境和其他主体的状态。

步骤 2：创建一个观察员 Swarm，负责观察记录并且分析在人工系统环境中所有主体的活动属性所对应的特征值。

步骤 3：在观察员 Swarm 中创建一个模型 Swarm，并为之分配内存空间，然后在模型 Swarm 中建立模型的主体以及主体的行为。

步骤 4：通过空间活动让模型 Swarm 和观察员 Swarm 按照一定顺序运动，让每个主休活动产生的数据影响系统中其他的主体和环境，使整个系统不断地运动，并记录各种特征数据和曲线。

步骤 5：根据步骤 4 观察的结果修改实验用的主体模型。如果需要也可改变对物理世界的抽象和修改程序代码，返回步骤 3。

步骤 6：记录整个仿真过程以及数据、曲线等，通过分析记录结果，对物理世界中的各种现象加以解释。

8.6.3 元胞自动机

1. 元胞自动机简介

元胞自动机（cellular automata，CA，也称为细胞自动机、点格自动机、分子自动机或单元自动机）是由数学家 Stanislaw M. Ulam 和 John von Neumann 于 19 世纪 50 年代提出，是时间和空间都离散的动力系统。散布在规则格网（lattice grid）中的每一元胞（cell）取有限的离散状态，遵循同样的作用规则，依据确定的局部规则进行同步更新。大量元胞通过简单的相互作用构成动态系统的演化。

不同于一般的动力学模型，元胞自动机不是由严格定义的物理方程或函数确定，而是由一系列模型构造的规则确定。凡是满足这些规则的模型都可以算作是元胞自动机模型。因此，元胞自动机是一类模型的总称，或者说是一个方法框架。其特点是时间、空间、状态都离散，每个变量只取有限多个状态，且其状态改变的规则在时间和空间上都是局部的。

元胞自动机可用来研究很多一般现象，其中包括通信（communication）、计算（calculation）、构造（construction）、生长（growth）、复制（reproduction）、竞争（competition）与进化（evolution）等。同时，它为动力学系统理论中有关秩序（ordering）、紊动（turbulence）、混沌（chaos）、非对称（symmetry-breaking）、分形（fractal）等系统整体行为与复杂现象的研究提供了一个有效的模型工具。因此，它已被广泛地应用到社会、经济、军事和科学研究的各领域。其应用领域涉及社会学、生物学、生态学、信息学、计算机科学、数学、物理、化学、地理、军事学等。

2. 元胞自动机特征

（1）离散性。元胞自动机是时间、空间、状态完全离散的动力系统，这一特征极大地简化了计算和处理过程，方便在计算机上直接计算和精确求解。

（2）同质性。元胞空间内的每个元胞都服从相同的规律，即具有相同的演化规则，元胞的分布方式相同，大小、形状相同，空间分布规则整齐。

（3）并行性。各个元胞在 $t+1$ 时刻的状态变化是独立行为，相互没有任何影响。

（4）局部性。每一个元胞在 $t+1$ 时刻的状态，取决于其邻域中的元胞在 t 时刻的状态，即所谓时间、空间的局部性。从信息传输的角度来看，元胞自动机中信息的传递速度是受邻域半径所限。

（5）维数高。在动力系统中一般将变量的个数称为维数。例如，将区间映射生成的动力系统称为一维动力系统，将平面映射生成的动力系统称为二维动力系统。对于由偏微分方程描述的动力系统则称为无穷维动力系统。这个角度来看，元胞自动机是一类无穷维动力系统，维数高是它的一个特点。

3. 元胞自动机定义

元胞又可称为单元或基元，它分布在离散的一维、二维或多维欧几里得空间的网格点上，是元胞自动机最基本的组成单位。在处理具体的实际问题时，抽象的元胞可以是被赋予特定含义的实体。例如，交通系统模拟中道路上的车辆可以看成是元胞；图像处理中的像素可以认为是元胞；城市规划中的一片土地也可以看成是一个元胞。

元胞自动机是定义在一个由具有离散、有限状态的元胞组成的元胞空间上，并按照一定的局部规则，在离散的时间维度上演化的动力学系统。它是由元胞空间、状态、邻域和规则四个主要部分构成，在数学上可以记为一个四元组：

$$A = (L_d, S, N, f) \tag{8.33}$$

（1）元胞空间。在四元组中，L_d 表示元胞空间，d 为空间维数。

元胞空间是指元胞所分布的空间网格的集合，它可以是任意维数的欧几里得空间规整划分。由于多维空间的元胞自动机具有很强的复杂性，目前对元胞自动机的研究主要集中在一维和二维空间。一维元胞空间的划分只有一种线性结构，而对于二维元胞自动机，元胞空间可以有三角网格、四方网格或六边网格等构成方式，如图 8.8 所示。

　（a）三角网格　　　　　　　（b）四方网格　　　　　　　（c）六边网格

图 8.8　二维元胞空间的划分

显然，空间结构上的差异会导致在计算机表示及其他部分特性上的差异，因此，这三种二维元胞空间划分在建模时各有优缺点。除此之外，理论上的元胞空间在各个维上是无限延伸的，但是在实际模拟过程中，计算机无法处理无限网格，元胞空间必须是有限的，这就需要确定边界元胞的处理方法。动力系统的边界问题向来是一个复杂的问题，因为它会影响到所有元胞的状态值，通常采用两种方法来处理边界元胞的行为：一种方法是令边界元胞拥有更少的邻居，对边界元胞建立不同的演化规则；另一种方法是对边界元胞进行延伸扩展，采用与其他内部元胞相同的规则。具体采用哪种元胞空间和哪种边界条件，要根据所要解决问题的边界特征来进行合理选择。

（2）状态。在四元组中，S 表示元胞的有限离散状态集，$S = \{s_0, s_1, \cdots, s_{k-1}\}$，$k$ 表示状态个数。

状态是元胞的一个重要属性，它可以是 $\{0,1\}$、$\{$生，死$\}$、$\{$黑，白$\}$等二元表示形式，也可以是 $\{s_0, s_1, \cdots, s_{k-1}\}$ 整数形式的离散集。在标准的元胞自动机模型中，元胞的状态集是一个有限、离散的集合，每个元胞在任意时刻的状态可以看成是一个变量，取有限状态集中的一个值。在实际应用中，可对状态进行改造和扩展。

（3）邻域。在四元组中，N 表示邻域向量，是由 Z^d 中 m 个不同的位置向量组成，可记作 $N = (v_1, v_2 \cdots, v_m)$。

元胞自动机中元胞之间的相互作用是局部的，这体现在一个元胞下一时刻的状态是由自身状态和它周围邻居状态共同决定，而邻域的作用就是定义中心元胞和它周围邻居在空间中的相对位置，明确哪些元胞属于该元胞的邻居。

在一维元胞自动机中，通常用半径 r 来表示邻域范围，距离一个元胞半径内的所有元胞都被认为是该元胞的邻居。二维元胞自动机的邻域定义较为复杂，可以用半径来表示邻域的大小，但由于演化规则的数量和复杂性会随着邻域内元胞数量的增加而成指数倍增长，所以二维元胞自动机的邻域往往是由直接相邻的元胞组成，这样的邻域又称为最近邻域。

（4）转换函数。在四元组中，f 表示局部转换函数，又称为规则，是从 S^m 到 S 的映射。

元胞自动机的演化特性是由规则决定的，这就好比体育场内掀起的人浪，每个人根据他邻居的情况做出自己的动作，如果邻居站起，那么自己也站起，然后过一段时间再坐下。同样，元胞自动机也是通过局部的作用导致全局的动态变化，而变化的主导者就是规则。

简单来说，元胞自动机的规则是一个局部状态转换函数，它的输入是元胞当前状态及其邻居状态，而输出是下一时刻该元胞状态，可记为如下所示公式：

$$f : s^m \rightarrow s \tag{8.34}$$

式中，f 表示状态转移函数；s 是状态集；m 表示邻域内元胞的个数。对于一维元胞自动机，局部转换函数则可以记为

$$s_i^{t+1} = f(s_{i-1}^t, \cdots, s_i^t, \cdots, s_{i+1}^t) \qquad (8.35)$$

式中，s_i^t 是 t 时刻在位置 i 处元胞的状态。

通常，元胞自动机的规则具有同质性和确定性，也就是元胞空间内的所有元胞都服从同一个规则，在给定初始条件后将始终演化出相同的结果，然而，为了适合解决某些实际问题，可以令不同的元胞服从不同的规则，称为混合元胞自动机（hybrid cellular automata）；或者在不同的迭代时步采用不同的规则，称为可编程元胞自动机（programming cellular automata）；还可以在规则中包含一定程度的随机性，称为概率元胞自动机（probabilistic cellular automata）。这些元胞自动机在 VLSI 和物理系统中都有着广泛的应用。

8.7　数学方程建模方法

数学建模方法是将系统固有的行为、结构等内在规律以数学表达式的形式进行形式化描述，常见的有拉格朗日法和欧拉法。

8.7.1　拉格朗日法

拉格朗日法是一种更加自然的建模和分析方法。它从个体遵循的简单动态行为规则中抽取出群体集群运动的内部运行机理。拉格朗日法基本的描述就是每个个体各自的运动方程（常微分方程或随机微分方程）。

$$m_i x_i = \sum_k F_{ik} = F_i , \quad i = 1, 2, \cdots, n \qquad (8.36)$$

式中，m_i 是个体的质量；x_i 是个体 i 的位置；F_i 是作用在个体上的合力；n 是个体的总数目。F_i 由 F_{ik} 组成，其中包括聚集或分散的力（即描述个体之间的吸引力作用或排斥力作用）、与邻近个体速度与方向相匹配的作用力、确定的环境影响力（如万有引力）以及由环境或其他个体行为产生的随机扰动作用力。F_i 是这些作用力的总和。举例来说，在拉格朗日法中，牛顿运动方程是一个典型的个体运动方程。Breder[14]是较早应用数学方程来研究鱼类集群行为的学者之一，他首先提出了一种由简单引力/斥力函数组成的集群模型。随后，又有人在此基础上研究了一系列引力/斥力函数对生物集群行为的影响。

8.7.2　欧拉法

在欧拉法中，提取种群密度在某一区域内针对任一个体的密度函数来表征集

群群体的连续性，或者说，一个集群模型中的每个个体成员不作为单个实体来研究，而是通过密度概念将整个群体作为一个连续集描述。欧拉法的理论基础为费克提出的经典的扩散理论，基于费克定律，粒子扩散方程如下：

$$\frac{\partial \rho}{\partial t} = -\frac{\partial J_x}{\partial x} = \frac{\partial}{\partial x}(D\frac{\partial \rho}{\partial x})$$　　　　（8.37）

式中，J_x 为二维空间中单位时间、单位面积内在 x 方向上粒子的迁移量；ρ 为粒子浓度；D 是扩散率。

在为现实的生物群体建立空间分布模型时，不仅仅需要考虑个体的随机运动因素，同时还必须包含群体成员之间或成员对外部环境的反应。因此，在同样考虑一维空间的情况下，可将群体通过垂直于 x 轴的平面的通量需包含两个组分：一是随机扩散项，二是非随机的对流项。这些通量可以形式化为 $D\partial\rho/\partial X$ 及 up，其中 u 表示群体的平移。模型方程表示为

$$\frac{\partial \rho}{\partial t} = -\frac{\partial}{\partial x}(up) + \frac{\partial}{\partial x}(D\frac{\partial \rho}{\partial x})$$　　　　（8.38）

如进一步考虑群体成员间相互作用力的集群模型，在式（8.38）的基础上，对流项不仅包含群体中心漂移的速度项，还增加了群体成员间的相互作用项，如

$$u'p = up + AK_a p - RpK_r p$$　　　　（8.39）

式中，$K_j p = \int K_j(x-x')p(x')\mathrm{d}x'$，$j = a, r$；$up$ 描述群体面对所处环境反应作出的常规漂移量；$K_a(x)$、$K_r(x)$ 分别描述群体中距离为 x 的个体相互之间的吸引和排斥作用力。其他一些基于欧拉法的研究工作都是在基于上述集群模型的基础上做一些扩充性的探讨。

另外，随着各类通信技术的发展，群体系统中个体间信息的交互已不再局限于局部空间（即可借助各类通信技术将个体间信息的交互推广至全局物理空间）。因此，可在非局部空间建立基于欧拉法的集群模型，模型方程如下：

$$\frac{\partial \rho}{\partial t} = \frac{\partial}{\partial x}(D\frac{\partial \rho}{\partial x} - v_a p)$$　　　　（8.40）

式中，对流项 v_a 为非局部性的群体中心的漂移量。

基于欧拉法的集群模型是测量单位区域内个体的数目（即群体密度分布函数），并使用欧拉连续方程（偏微分方程）来描述群体的密度分布函数，方程中可以添加的项有来自于同类或环境资源的吸引力或排斥力。因为偏微分方程理论发展得较为完善，因此对由偏微分方程构建的集群模型的理论分析更易于进行。欧拉法的另一个优点是无需对群体所处环境作空间离散化处理，对于描述大规模

密集而没有明显不连续分布的集群行为非常有效。但是，欧拉法也有一个明显的缺点，即忽略了个体的特性。因此，对于很多群体由有限数量的大体积或强调个体智能特性的个体成员组成的情况，不太适合使用基于欧拉法的连续集群模型，如鱼群、鸟群等的集群行为。

欧拉法和拉格朗日法的不同之处还在于后者将个体的位置信息都体现在模型之中，而前者则以群体在所处物理空间中的密度分布为建模基础。在过去的研究中，基于欧拉法建立的集群模型因为建立在偏微分方程的理论基础上而占据主导地位。但是，需要注意的一点是，欧拉模型中对群体所处物理空间的连续性假设多适合于体型较小的生物群。当分析由较大体型生物组成的群体如鱼群、鸟群、兽群等时，由此组成的群体所占据的物理空间也会因为每个个体体型的因素而变得大许多，这使得欧拉法对于群体所处物理空间是连续集这一假设在现实中也变得难以满足。正因为如此，离散的基于个体的拉格朗日法越来越受到人们的关注。

此外，基于群体建模方法和基于个体建模方法各有其优缺点。基于群体的建模方法可以把复杂系统的描述充分简单化，运用尽可能少的规则来描述生物群体行为，同时在程序运行的过程中消耗也比较低。然而这种基于群体的方法有着先天的缺陷。因为其是对生物的简单抽象，不能有效地描述生物系统中内在的复杂性。而当应用于工程中时，不得不对工程问题提出很多假设条件，由此导致了很多问题的孤岛现象（问题分离、系统分离），缺乏系统性和一般性。另外，从复杂的自然生物原型中抽取出适当的规则，是一项非常困难的工作，即使成功，也无法证明自然生物确实遵循这些规则。基于个体的建模方法加强的个体的描述和控制，使得个体更有"个性"，在一定程度上避免了前者的一些缺点。但是，这无疑会增加模型描述的复杂性，且不能描述整体发展特性，特别是在比较庞大的系统中。

本章结合基于仿真建模的个体建模方法和基于群体建模方法对生物群智能的复杂系统进行建模，揭示生态系统中群体或个体的遗传、生理发育、生态及演化、信息传递、行为控制能力等所有层面的信息，并在建模过程中将基于数学方法建模的欧拉法和拉格朗日法相结合，取长补短，对生物进化行为进行建模，从而提出一个可用于复杂系统求解的优化算法。

综上，现有动力学模型的研究已经非常丰富，而对生物行为内在的复杂动力学优化决策机制的研究尚处于初始研究与探索阶段。因此，希望借鉴已有集群智能优化算法和现有的动力学模型的研究成果，通过本书的研究，建立基于生物行为的复杂系统动力学优化决策方法，为进一步探寻集群智能优化算法和复杂系统的建模与优化提供新的思路和理论方法。

参 考 文 献

[1]　Forrester J W. Counterintuitive behavior of social systems. Technology Review, 1971, 73(3): 52-68.

[2]　Karnopp D C, Margolis D L, Rosenberg R C. System Dynamics: Modeling and Simulation of Mechatronic Systems. Wiley, 2000.

[3]　Karnopp D, Rosenberg R, Perelson A S. System Dynamics: A Unified Approach. John Wiley & Sons, Inc, 1990.

[4]　Sterman J D. System dynamics modeling: tools for learning in a complex world. California management review, 2001, 43(4): 8-25.

[5]　Hofbauer J, Sigmund K. Evolutionary games and population dynamics. Journal of the American Statistical Association, 1998, 95(450): 50-54.

[6]　林振山. 种群动力学. 北京：科学出版社, 2006.

[7]　曹先彬, 罗文坚, 王煦法. 基于生态种群竞争模型的协同进化. 软件学报, 2001, 12(4): 556-562.

[8]　Reynolds C W. Flocks, herds and schools: a distributed behavioral model. In the Proceedings of the 14th annual conference on Computer graphics and interactive techniques, 1987: 25-34.

[9]　Vicsek T, Czirok A, Ben-Jacob E, et al. Novel type of phase transition in a system of self-driven particles. Physical Review Letters, 1995, 75(6): 1226-1229.

[10]　郭雷, 许晓鸣. 复杂网络. 上海：上海科技教育出版社, 2006.

[11]　周涛, 柏文洁, 汪秉宏, 等. 复杂网络研究概述. 物理, 2005, 34(1): 31-36.

[12]　Hecke M L V, Orrit M A G J. Dynamic Complex Systems, 2008.

[13]　Kauffman. S Homeostasis and differentiation in random genetic control networks. Nature, 1969, 224(5215): 177-178.

[14]　Breder C M. Equations descriptive of fish schools and other animal aggregations. Ecology, 1954, 35(3): 361-370.

[15]　Warburton K, Lazarus J. Tendency-distance models of social cohesion in animal groups. Theoretical Biol, 1991, 150(4): 473-488.

[16]　Gazi V, Passion K M. Stability analysis of swarms. In the Proceedings of the American Control Conference, 2002, 1813-1818.

[17]　Gazi V, Passino K M. Stability analysis of swarms. IEEE Transaction on Automatic Control, 2003, 48(4): 692-697.

[18]　Spears W M, Spears D F, Heil R, et al. An overview of physicomimetics. Lecture Notes in Computer, Science-State of the Art Series, 2005, 3342: 84-97.

[19]　Birbil S I, Fang S C. An electromagnetism-like mechanism for global optimization. Journal of Global Optimization, 2003, 25(3): 263-282.

[20]　Formato R A. Central force optimization: a new nature inspired computational framework for multidimensional search and optimization. Nature Inspired Cooperative Strategies for Optimization, 2008, 129: 221-238.

[21]　谢丽萍, 曾建潮. 受拟态物理学启发的全局优化算法. 系统工程理论与实践, 2010, 30(12): 2276-2282.

[22]　Rashedi E, Nezamabadi-Pour H, Saryazdi S. GSA: a gravitational search algorithm. Information Sciences, 2009, 179(13): 2232-2248.

[23]　Langton C. The Swarm Simulation System A Tool for Studying Complex Systems, 1995.

[24]　丁浩, 杨小平. Swarm——一个支持人工生命建模的面向对象模拟平台. 系统仿真学报, 2002, 14(5): 569-572.

[25]　Tisue S, Wilensky U. NetLogo: Design and Implementation of a Multi-Agent Modeling Environment. Center for Connected Learning and Computer-Based Modeling, Northwestern University. http://ccl.northwestern.edu/NetLogo/, 2004.

[26]　Tisue S, Wilensky U. NetLogo: A Simple Environment for Modeling Complexity. International Conference on Complex Systems, 2004: 23-45.

[27]　Collier N. RePast: An Extensible Framework for Agent Simulation. http://www. econ. iastate. edu/tesfatsi/, 2001.

[28]　Luke S, Cioffi-Revilla C, Panait L. MASON: A New Multi-Agent Simulation Toolkit. Department of Computer Science and Center for Social Complexity, George Mason University. http://cs. gmu. edu/_eclab/projects/mason/, 2007.

第9章 复杂生物系统建模

9.1 复杂-生物-控制

9.1.1 复杂适应系统

1. 复杂适应系统的含义

复杂适应系统（complex adaptive system，CAS）理论由霍兰教授提出，其核心思想是"适应性造就复杂性"，强调系统中的个体与整体之间、微观与宏观之间的复杂关系[1,2]。

在微观层面，复杂适应系统最基本的概念是具有适应能力的、主动的个体，简称主体。这种主体在与环境的交互作用中遵循一定的刺激-反应规律，主动对外界的变化做出反应；而适应能力则表现为它能够根据行为的效果来修改自己的行为规则，从而更好地在动态环境中生存。

在宏观层面，由这些主体组成的系统在主体与主体之间、主体与环境之间的相互作用中发展，表现出宏观系统的分化、涌现等复杂的演化过程。复杂适应系统所涵盖的范围如此之广，以至于小到微观粒子的结构、微生物，大到宏观经济、宇宙运行，都被认为是复杂适应系统。

在复杂适应系统中，简单部分的结合能产生复杂的整体效应，即整体大于部分之和，这样的现象称为复杂系统的涌现现象。其本质是由简单到复杂、由部分到整体。蚁群系统、人体免疫系统、因特网、全球经济系统、棋类游戏以及在牛顿万有引力定律支配下不断变化其运行轨迹的行星和银河系都表明：少数规则和规律相互作用可以生成复杂的系统，涌现是其产生整体复杂性的基本方式。另外，涌现也是群体智能、进化计算等集群智能计算方法研究的关键问题。

2. 复杂适应系统的特点

（1）系统具有明显的层次性，各层之间的界线分明。

（2）层与层之间具有相对的独立性，层与层之间的直接关联作用少，个体层的个体主要是与同一层次的个体进行交互。

（3）个体具有智能性、适应性、主动性。系统中的个体可以自动调整自身的状态、参数以适应环境，或与其他个体进行协同、合作或竞争，争取最大的生存机会或利益，这种自发的协作和竞争正是自然界生物"适者生存，不适者淘汰"的根源。

（4）个体具有并发性。系统中的个体并行地对环境中的各种刺激作出反应、进行演化。

（5）在复杂适应系统的模型里还可引进随机因素的作用，使它具有更强的描述和表达能力。

以上这些特点使得 CAS 具有许多与其他方法不同的功能和特点。

3. 复杂适应系统七要素

复杂适应系统采用了 adaptive agent（具有适应能力的个体）这个词，是为了强调它的主动，强调它具有自己的目标、内部结构和生存动力。个体在适应和演化过程中特别要注意的七个要素是聚集、非线性、流、多样性、标识、内部模型和构筑块。

（1）聚集。主要用于个体通过"黏合"形成较大的多个体的聚集体。由于个体具有这样的属性，它们可以在一定条件下，在双方彼此接受时，组成一个新的个体——聚集体，在系统中抽象一个单独的个体那样行动。

（2）非线性。指个体以及它们的属性在发生变化时，并非遵从简单的线性关系。特别是在与系统的反复交互作用中，这一点更为明显。

（3）流。在个体与环境之间存在物质资源、能量和信息流。这些流的渠道是否通畅、周转迅速到什么程度，都直接影响系统的演化过程。

（4）多样性。在适应过程中，由于种种原因，个体之间的差别会发展与扩大，最终形成分化，这是 CAS 的一个显著特点。

（5）标识。为了相互识别和选择，个体的标识在个体与环境的相互作用中是非常重要的，因而无论在建模中，还是实际系统中，标识的功能与效率是必须认真考虑的因素。

（6）内部模型。这一点表明了层次的观念，每个个体都有复杂的内部机制。对于整个系统来说，统称为内部模型。

（7）构筑块。复杂系统常常是相对简单的一些部分，通过改变组合方式而形成的。因此，事实上复杂性往往不在于块的多少和大小，而在于原有构筑块的重新组合。

9.1.2　复杂生物系统

生物系统与复杂系统具有明显的相似性。从概念性的微观层面和宏观层面来说，生物系统由许多个体相互作用，在群体层面涌现出复杂智能特性，从而产生生物智能。任何生物智能系统都可以认为是某一类相对简单、特殊的复杂系统[3-6]。因此，从复杂性科学的角度来看，生物系统属于复杂系统，即为复杂生物系统。复杂生物系统有如下特性。

1. 复杂生物系统的非线性

复杂生物系统的典型特点是非线性，即整体不等于它的部分之和。也就是说，生物系统的行为不能通过简单地叠加系统的成分的行为而推导出。这种非线性特征的基础是，细胞内的各种生物分子如基因和蛋白质之间，个体的不同器官、组织或细胞之间，种群的不同个体之间，生态系统的各个种群之间，都存在着广泛而复杂的相互作用。正是这些相互作用导致了生物复杂系统内形形色色的网络，如分子间基因转录调控网络、细胞的信号转导网络、器官间的代谢网络、不同种群个体间的食物链和食物网络。生物复杂系统的各单元之间通过这些网络而紧密联系。

2. 复杂生物系统的多层次性

复杂生物系统也是多层次、多功能的结构，每一层次均成为构筑其上一层次的单元，同时也有助于系统的某一功能的实现。

3. 复杂生物系统的自组织性

复杂生物系统各单元之间通过网络的相互作用会使系统发生变化，但系统可以在发展过程中自组织、自协调，即可以不断地学习并对其层次结构与功能结构进行重组及完善，使系统处于平衡状态。

4. 复杂生物系统的开放性

复杂生物系统是开放的，它与环境有密切的联系，能与环境相互作用，并能不断地向更好地适应环境的方向发展变化。

5. 复杂生物系统的动态性

复杂生物系统的动态性不仅是指生物单元的运动，而且这些单元的表象也总是处在运动之中。

9.1.3　复杂系统与控制论

控制论诞生近 70 年来，其发展大致经历了经典控制论和现代控制论两个历史阶段。具体的控制理论也从通常的反馈控制到最优控制、随机控制，再到自适应控制、自学习控制、自组织控制等。研究者在研究相对复杂的控制系统中取得了一个又一个的成就。特别是 20 世纪 70 年代，人们开始探索将人工智能用于控制系统的智能控制以及非线性控制、混沌控制等，为复杂系统控制问题提供了新的解决途径。

（1）在传统控制论时期，控制理论的主要任务是提供一种理论与方法使其能根据预期要求设计控制器。由于控制对象和控制系统相对简单，所涉问题一般可用线性模式进行解决。但随着现实的需求和科技的发展，控制论所研究的系统，无论其复杂程度，还是其控制要求，都使得原有的理论和方法失效。于是人们就把在控制科学中遇到的种种难题归结为复杂性，诸如模式的难以或无法确定、问题的难以研究与给出解答、用计算机难以计算等等。总之，控制论面临着复杂性的挑战。

（2）发展和超越传统控制论的理念与进路。造成上述这些问题的原因主要在于非线性、非定常性与不确定性、高维数和系统模式的非单一性等。控制论所面临的难题，既是一个挑战，也是一个很好的发展机遇。有学者认为，建立在数学、计算机科学、系统科学、智能科学等学科之上的新复杂控制科学将是 21 世纪所要建立的新的体系。这就有必要明确发展新控制理论的理念和进路。

其实，从特别意义上说，控制论可以理解为研究复杂系统组织的一个一般性原则。这是对控制论的一种新理解和复杂性定位。利用控制过程这个核心原理来研究复杂性，可以解释诸如耗散结构理论、协同学、混沌、分形研究以及管理与行为科学等各系统科学领域研究的复杂性问题，在控制原则的基础上建立一个统一的理论模型和概念框架。所以，人们应从复杂系统及其进化的新观念来研究控制论，也要从控制机制的视角来研究复杂系统。

9.1.4　维纳控制论

控制论的创始人是美国数学家 N.维纳（Norbert Wiener），他在 1948 年发表了 *Cybernetics: Or Control and Communication in Animal and the Machine*（《控制论——关于在动物和机器中控制和通信的科学》）。该书指出，应把控制论核心观点的形成放在 20 世纪物理学革命的大背景下[7-11]。钱学森认为，控制论是 20 世纪继相对论和量子力学之后又一次科学革命。本书认为，从复杂性探索的视角来看，维纳控制论具有开创性的历史贡献。

首先，维纳控制论的最大特点，即把通信概念和控制概念联系在一起。其奠基之作的书名就把控制论明确界定为"关于在动物和机器中进行控制和通信的科学"。在此之前，"通信"和"控制"这两个概念是互无联系、互不沟通的。"通信"和"控制"的联盟,打开了系统研究和复杂性研究的广阔天地;并且,提供了一系列意义深远的概念,如反馈、调节、回路、因果性、目的性等。维纳控制论本身就蕴含着潜在的复杂性。众所周知,系统间的信息关联及其控制是产生复杂性的一个重要根源。具有多个子系统组合的系统的大量出现,使得这一复杂性变得日益突出。因此"通信"与"控制"才成为系统复杂性研究的一条核心原理。另外,"目的"和"反馈"的观点也让因果关系变得复杂起来,从而开创了通往"互为因果",尤其是"递归因果"的复杂道路。

　　但是,维纳虽然把"控制"和"通信"联系在一起,但在两者的关系上,他让"通信"依附于"控制",即通信组织的建立必须通过伺服来进行。于是控制论变成了用通信进行控制的科学,而不是关于"通信组织"的科学。这样,控制就遮蔽了通信组织的丰富性,也就无法展开和阐明"通信"和"控制"两者在总体关系上的复杂性。而且维纳控制论还缺一个能容纳无序的复杂性原则。由于传统控制论倾向于把一切都简化为一种自动化的、清除了一切无序因素的机器,所以,面对那类无序度较高的生物、社会系统,它就显得苍白无力。可以说维纳控制论缺乏关于生命、生态、社会和组织的向度。

9.1.5　智能感知单元

　　真实的生物系统复杂,难以进行定性和定量分析。然而,生物系统中存在大量相对独立的、具有特定表象的感知模块,其中自调控或自反馈环路是最典型、最简单的感知模块。本章基于控制视角,利用感知控制论设计了生物智能感知模块。此模块构建了复杂生物系统动力学模型和优化算法之间的基本对接模式。

　　首先,从控制机制的视角来讲,控制环路是整个控制系统的基本单位[12,13]。其次,把单一的"反馈回路"观念拓展成为复杂的"因果互动"和"递归组织"观念。用层级控制的思想展现现实世界的复杂性。而且,真正树立各种控制系统的复杂性观念。重视"通信"与"控制"两者之间相互作用关系的复杂性,明确"通信"是组织和生命引入的新向度,不是控制的简单工具,而是一种复杂的组织共生形式。通过这种方式,即可实现从控制视角来考察复杂的生物系统和社会系统。

　　控制环路包含控制单元、控制单元信号的输入、控制单元信号的输出、输入路径。对应于复杂生物系统,控制环路的核心是所有行为都是感知的控制,即成为生物智能感知单元。感知单元的核心表现为生物个体或群体的行为或现象,感知单元信号的输入为感知信号,感知单元信号的输出表象为行为或现象的改变,实则为感知力或是对输入信号的反应力;输入路径为生物信号通信网络[14-16]。在复杂的生物系统中,信号通信路径即为控制论中的通信。通信路径有全局通信、局部通信等，从而形成网络结构，如全局、随机、小世界、无标度、布尔等类型网络。

　　基于生物智能感知单元，生物通过采取行为来减少目前状态感知和目标期望（参考）的差异，如果目前状态的感知没有趋向于期望的目标则会改变行动，形成生物感知反馈回路，此回路不断循环演化，从而形成表象即各种智能行为。

9.2　感知模型建模方法

　　若想使整个群体协同合作，涌现出集群智能，生活在群体中的智能个体要通过感知其外部状态对自身行为做出适时的、动态的调整，因此集群行为中的感知模型是体现集群智能的关键组成部分。譬如单细胞生物细菌生存在一个复杂的环境中，从而可以感受到许多不同的信号，包括物理参数（如温度和大气压）、来自其他细胞的生物信号分子以及有益营养素和有害化学物质等。细菌可以感知这些外部信号，并对其做出相应的反应来适应环境。再比如，群体机器人在动态变化环境中，会通过生物集群行为的启发，制定行为规则并协作完成复杂任务。综上，按照达尔文适者生存理论，不论是生物还是其他仿生物种，都必须通过感知外部信息来适应环境。因此，集群行为中的感知控制模型是体现集群智能动力特性的关键组成部分。

　　迄今为止，人们在群体行为的数值模拟研究方面已经做了大量的工作，如人工生命、Boid 模型、拉格朗日法、欧拉法、Swarm 平台、粒子群模型、吸引-排斥相互作用模型、含外部作用的模型、网络化系统与图论描述和非平均更新规则模型等。另外，如统计物理中多粒子群的聚集和相变、耦合振子系统的同步等，也属于同类的问题。这些研究加深了人们对群体系统的复杂行为和协调机制的认识和理解，也为进一步的理论分析和应用提供了重要的基础[17,18]。现有建模方法归类说明如下。

1. 仿真建模方法

　　基于生物仿真的建模方法有基于群体建模方法和基于个体建模方法。早期的模型基本上是基于群体的，例如 Boid、Swarm。在这种建模方法中，所有的个体遵循相同的规则，按着同一个时钟信号采取行动，个体的行为从规则一开始设定后就不可改变，系统也不能控制或者追踪特定个体的状态和行为。

　　目前流行的算法中，遗传算法、粒子群优化算法、蚁群优化算法都是基于群体的。与此相对，有些模型更加注重对个体的充分描述，例如 Gecko 就是基于个体的。在这种建模方法中，虽然所有个体遵循的规则还是相同的，但是个体的状态不一定完全相同，对特定的个体也可以进行适当的控制和跟踪。概而言之，就是个体的独立性得到了加强。

2. 基于主体的建模与仿真

主体是具有行为自主性的高级对象,主体的自主性表现在它对环境的适应性和对不完全信息的处理能力,能使它实时规划、推理和搜索,形成更实用的人工智能,从而适应复杂系统建模与仿真的技术需求,因此基于 Agent 的建模与仿真是研究复杂系统的重要手段。目前,人们在生态系统、社会系统、经济系统以及人类组织、军事对抗等领域对其进行了大量的研究。

3. 元胞自动机

元胞自动机是由可编程自动机组成的矩阵,CA 用来仿真相互作用的元胞群体。元胞之间按照某种简单的规则进行交互。元胞自动机用来仿真复杂系统的自组织和突现现象,也曾用来仿真生命系统。

4. 基于数学手段的复杂系统仿真方法

(1)参数优化方法。基于系统辨识和参数估计理论的目标函数最优化方法。

(2)模糊仿真方法。基于模糊数学的方法是在建立模型框架的基础上,对于观察数据的不确定性,采用模糊数学的方法进行处理。

(3)宏观仿真方法。宏观仿真是一种统计建模与仿真方法,用于宏观经济分析和社会政策研究。

5. 定性建模与仿真方法

(1)定性因果方法。该方法把研究的对象看成一个系统,抽象出能反映系统性质的变量,组成系统模型,收集这些变量的统计数据,接着从一大堆统计数据中得出模型的逻辑结构(或称因果结构)。可以用于复杂系统设计任务的划分以及定序、设计变量之间依赖性的分析,对信息不完全的复杂系统产生行为预测、复杂系统故障诊断等。

(2)系统动力学。基于信息反馈及系统稳定性的概念,认为物理系统中的动力学特性及反馈控制过程在复杂系统(如生物、生态、社会、经济)中同样存在。通过专家对复杂系统机理的研究,可以建立复杂系统的动力学模型,并通过计算机仿真去观察系统在外力作用下的变化,其目的主要是研究系统变化趋势。曾用于工业、城市、人口、世界资源及环境等系统的预测和政策研究。

(3)归纳推理方法。基于黑箱概念,假设对系统一无所知,只从系统的行为一级进行建模与仿真(同态模型),根据系统观察数据,生成系统定性行为模型,用于预测系统行为。

6. 复杂网络

复杂网络采用图论作为精确数学处理的自然框架，形式上可用图论中的"图"来表示。复杂网络的定义和符号体系主要涉及点的度数、度分布、相关性、最短路径长度、直径、介中性、聚类（传递性）、模体、社团结构和图谱等。而对于实际网络的拓扑结构，如耦合生化系统、神经网络、相互作用的群居物种、互联网和万维网等，这些实际网络内在不同，但是具有相同的拓扑属性，如较短的特征路径、较高的聚集系数、度分布形状、度相关性、模体和社团结构，而其中最重要的几个属性是小世界效益、无标度分布、度相关性和聚类特征。

9.3　感　知　范　围

9.3.1　全局感知范围

全局感知模型的感知范围为全部地域范围。从通信拓扑角度而言，全局感知模型属于全局连通型通信网络，每个个体与群中其他所有个体直接相连、彼此互为邻居。如种群个体集合为 $X = \{x_1, x_2, \cdots, x_i, \cdots, x_N\}$，那么第 i 个个体邻域集合 $\mathrm{nei}(x_i) = \{X\}$，如图 9.1 所示。在这种结构下，所有个体都可共享群中其他个体的信息。

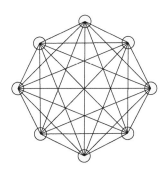

图 9.1　全局感知范围

9.3.2　有限感知范围

在全局感知模型中，每个个体必须随时掌握与其他群内个体间的相对位置等有关群体分布的全局信息，显然这与群居生物群体的实际生存状态不相符。在实际的生物群体生活环境中，不是所有个体都能够感知全局范围的其他个体，大部分个体的感知地域范围都是有限的。有限感知模型的感知范围确定方法可分为感知协议控制方法、拓扑控制方法和覆盖控制方法。

（1）感知协议控制方法是指个体感知域是通过协议设定好的，如偏好方法、树形方法等。

（2）从拓扑控制方法而言，有限感知模型属于非全连通型通信网络。典型的如环形模型，个体按照编号选择与其较相邻的几个个体直接相连；冯·诺依曼模型，每个个体与其上、下、左、右四个个体相连；随机网络模型，即每个粒子随机与邻近的粒子相互连接，形成一种随机结构。除此之外，还有小世界网络模型、无标度网络模型等，如图 9.2 所示。

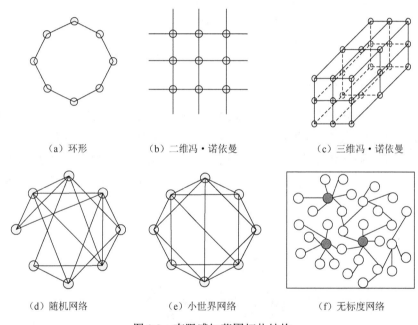

（a）环形　　　　　　　（b）二维冯·诺依曼　　　　　　（c）三维冯·诺依曼

（d）随机网络　　　　　　（e）小世界网络　　　　　　（f）无标度网络

图 9.2　有限感知范围拓扑结构

（3）在覆盖控制方法方面，如基于外接圆的集群模型，即个体感知域是以自身所处的位置为中心，感知范围是以感知距离为半径的圆邻域所涵盖的地域范围。还有密度感知模型、等距感知模型和等面积感知模型等。

如对于细菌而言，它属于单细胞生物，因此它没有确切的感知协议，如不存在偏好感知、树形感知等。从拓扑方面来看，细菌个体间的通信是确切存在的，但真实的生物调控网络过于复杂，难以进行定性和定量分析。目前，小世界网络和无标度网络是较能代表复杂网络通信方式的两个拓扑方式。

9.3.3　正太分布有限感知模型

实际上，生物个体感知场呈高斯形态分布，如图 9.3 所示。在个体感知场中，离个体的高斯距离越近，则感应力越强；高斯距离越远，则感应力越弱。生物个体感知场的范围与自身能量有关，个体能量越强，感知范围越大；个体能量相对较弱，则感知范围也较小。如图 9.3 所示，不同的灰度代表不同细菌个体。由于生物在觅食过程中，其位置是时刻变化的，因此它的感知域也是时刻变化的，该感知域称时变有限感知域。

图 9.3　个体高斯感知场

1.　正太分布有限感知范围

个体感知范围满足正太分布，可用高斯数学函数形式化地模拟。

$$f\left(x\right)=\frac{1}{\sqrt{2\pi}\sigma}e^{-\frac{(x-\mu)^2}{2\sigma^2}}, \quad -\infty < x < +\infty \tag{9.1}$$

式中，μ 为平均数；σ 为标准差。不同的 μ 和 σ 对应不同的正态分布。正态曲线呈钟形，两头低、中间高、左右对称，曲线与横轴间的面积总等于 1。服从正态分布的变量的频数分布由 μ、σ 完全决定。

（1）μ 是正态分布的位置参数，描述正态分布的集中趋势位置。正态分布以 $X=\mu$ 为对称轴，左右完全对称。正态分布的均数、中位数、众数相同，均等于 μ。

（2）σ 描述正态分布资料数据分布的离散程度，σ 越大，数据分布越分散；σ 越小，数据分布越集中。σ 称为正态分布的形状参数，σ 越大，曲线越扁平；σ 越小，曲线越瘦高。

μ 和 σ 这两个参数的确定由当前个体在种群中的排序决定。例如，此个体是种群中最优个体，则 μ 为当前个体位置，即 $X=\mu$，且感知范围覆盖整个搜索区域，即 σ 的值一直延伸到搜索边界。

2. 感知系数

如个体落在了个体 S 的高斯感应域区间，则个体间感知系数随个体间高斯距离变化而变化，如图 9.4 所示。

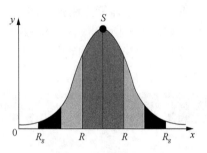

图 9.4　个体高斯感知范围

个体感知范围呈现高斯分布，因此将高斯分布区间分成三段：$0\sim R$；$R\sim(R+R_g)$；$(R+R_g)\sim\infty$。其中，R 为个体感知半径，R_g 为不确定的感知长度。在个体 S 的整个感知面积内，距离小于 R 的点感知概率为 1；距离 S 在 R 到 $R+R_g$ 的范围内，感知概率随着距离增加而不断减小；超过 $R+R_g$ 范围，则感知概率为 0。具体形式描述如下：

$$P(s,p)=\begin{cases} 0, & d>R+R_g \\ \mathrm{e}^{-\partial d(s,p)}, & R\leqslant d\leqslant R+R_g \\ 1, & d<R \end{cases} \qquad (9.2)$$

式中，$d(s,p)$ 表示两个体间的高斯加权欧式距离。

9.4　集群动力学优化算法设计方法

纵观目前集群智能优化算法，它们的建模方法具有一定的相似性，同样都是基于求解优化问题的控制目标，首先，在一定的地域范围之内存在由多个能力简单的个体组成的生物种群，算法群体结构上都具有"个体动态+通信拓扑"的特点；其次，集群智能的产生是由简单的个体行为规则和局部信息产生的；最后，它们都利用了生物的繁殖、变异、迁移、觅食、死亡等相关表型特征。

而实际上生物进化是一个非常复杂的过程。科学家们通过研究发现，作为复杂系统的生物系统，系统中的每一个个体都是一个动力学系统，而诸多的动力学个体之间又存在着某种特殊的耦合关系，个体根据感知的信息经过动态演化而涌现整个系统的智能。所以，尽管上述优化算法的生物学原型有所差别，但它们的内部结构和运行机理却有共同之处，即种群中的每一个个体都具有动力学特性，且个体间的关联方式，包括通信、合作、觅食等行为也是一个高度复杂的动力学过程，系统中的每一个环节均可成为牵动全局运动的决定性过程。正是这种动力学的运行机理，才使生物个体呈现出繁殖、变异、迁移、觅食、死亡等相关表型特征，并使整个种群呈现出涌现、自组织、自适应等复杂系统特征。

集群系统具有个体自治、非集中式控制、局部信息作用等特征。系统中的智能个体只根据个体之间的局部信息交互作用，来调整自身的动态行为。群体行为是群体内的所有智能个体经由关联耦合合作方式而涌现出的自组织运动模式，关联方式不同则其产生的群体行为亦不相同。如何刻画、构建和分析智能个体的行为规则、关联耦合结构和运动特性，设计出合适的集群智能算法，使系统在运动中达到整体智能上的一致，以实现期望的群体行为、完成预期的复杂任务是集群智能理论研究与应用中的一个亟待解决的新问题。

针对生物集群行为的运动机理和集群性智能群体系统协作控制问题相似性，可将生物集群行为动力学的形式化描述扩展为集群性智能群体系统的建模和协作控制工具，根据其展开控制策略及其稳定性研究。采用自下而上的方法，先对由智能个体运动方程组合而成的群体集群行为动力学模型进行仿真分析，随后对所得行为策略的趋同性进行分析，而后借此洞悉智能群体系统的控制规律，并为该类系统的设计提供理论依据，进而为构建实际的集群智能控制系统提供理论指导。

（1）整体上借鉴生物集群系统中的单个个体的运动机理，依次对个体行为和群体行为进行动力学分析，依据集群行为与优化问题的映射关系，建立群体系统的自组织动力学模型。

（2）在建模过程中，把单个个体抽象为具有自主、交互及协作能力的智能有限的智能控制个体，将由多个自治智能个体形成的协调合作性能隐含在所构建的群体动力学模型中；而后，在所设定的感知环境中，针对已由动力学分析归纳出的局部控制策略对智能个体加以引导。

（3）在协作运动的过程中，智能个体不断地实时修正动力学行为，以期在智能个体之间达成共识的策略，促使智能群体呈现出一致的行为，并在系统层面上涌现出集群智能。

（4）最后，将随机分布的一群智能个体在 n 维欧几里得空间中的某一指定区域内的集群行为实施协调行为的效果进行仿真验证，并验证制定的控制策略。若验证可行，则推广至复杂工程涉及的实际应用领域，在实践中检验并不断完善现有的集群智能控制系统理论和技术。

参 考 文 献

[1]　霍兰. 隐秩序——适应性造就复杂性. 周晓牧, 韩晖, 译. 上海: 上海科技教育出版社, 2000.

[2]　Holland J H. Adaptation in Natural and Artificial Systems: An Introductory Analysis With Application To Biology, Control and Artificial Intelligency. 2nd edition, Cambridge, MA: MIT Press, 1992: 43-65.

[3]　Bonner J T. The Evolution of Complexity by Means of Natural Selection. Princeton: Princeton University Press, 1988.

[4]　Rosen R. A relational theory of biological systems. Bulletin of Mathematical Biophysics. 1958, 20: 245-260.

[5]　Snooks G D. A general theory of complex living systems: exploring the demand side of dynamics. Complexity, 2008, 13(6): 12-20.

[6]　张知彬. 进化与生态复杂性. 北京: 海洋出版社, 2002.

[7]　程代展, 陈翰馥. 复杂系统与控制. 科学中国人, 2004, (10): 33-34.

[8]　王成红, 王飞跃, 宋苏, 等. 复杂系统研究中几个值得关注的问题. 控制理论与应用, 2005, 22(4): 604-608.

[9]　冯纯伯. 复杂系统的控制问题——试谈控制科学的发展. 控制理论与应用, 2004, 21(6): 855-857.

[10]　张嗣瀛. 控制论、系统工程、复杂系统与复杂性科学——复杂系统的定性研究. 2005 中国控制与决策学术年会, 2005.

[11]　Wiener N. Cybernetics: Or Control and Communication in Animal and the Machine. MIT Press, 2000.

[12]　Yaman B. System dynamics: systemic feedback modeling for policy analysis. Knowledge for Sustainable Development, an Insight into the Encyclopedia of Life Support Systems, Unesco-Eolss, Oxford, 2002, 1: 1131-1175.

[13]　Qudrat-Ullah H, Spector J M, Davidsen P I. Complex Decision Making: Theory and Practice. Berlin: Springer, 2008.

[14]　Scott-Phillips T C. Defining biological communication. Journal of Evolutionary Biology, 2007, 21(2): 387-395.

[15]　Sawai H. Biological Functions for Information and Communication Technologies. Berlin: Springer-Verlag , 2011.

[16]　Reif J H, Wang H. Social potential fields: a distributed behavioral control for autonomous robots. Robotics and Autonomous Systems, 1999, 27(3): 171-194.

[17]　刘晓平, 唐益明, 郑利平. 复杂系统与复杂系统仿真研究综述. 系统仿真学报, 2008, (23): 6303-6315.

[18]　楚天广, 杨正东, 邓魁英, 等. 群体动力学与协调控制研究中的若干问题. 控制理论与应用, 2010, 27(1): 86-93.

第 10 章　集群动力学优化算法举例

10.1　种群规模自适应优化算法

自然种群不可能长期地按几何级数增长。当种群在一个有限空间中增长时，随着数量的上升，受有限空间资源和其他生活条件的限制，种内竞争增加，必然影响种群的增长，降低种群的实际增长率，一直到停止增长，甚至使种群数量下降[1,2]。如细菌依托一个群体来有效地发送和接收群体感应化学信号。当菌群内信号分子浓度没有达到有效数量时，自我诱导物的浓度非常低，甚至不能被检测出来，群体感应系统不能被启动。当信号分子达到一定的浓度阈值时，即细菌达到一定数量时（有效数量），才能启动菌体中相关基因的表达来适应外界环境的各种变化。但过浓的信号分子或过多的细菌数量会造成感应信号传递速度慢、信号失真等弊端，群体感应调控性能就会降低。所以，细菌的密度阈值是这一感应系统的重要组成部分。

从控制视角来看，复杂控制系统一般都具有正负反馈作用。同样，生态系统中也存在正反馈和负反馈，两种机制的同时存在使得生物种群具有稳定性。种群规模的正反馈和负反馈同时作用使得种群规模的表象特征具有自适应性。针对该问题，本章提出了种群规模自适应控制策略。

10.1.1　种群自适应增加/删除个体数目方法

在群智能优化方法中，种群规模对算法性能有很重要的影响。较小的种群规模导致搜索范围小，种群能力差，不能得到较好的优化效果。而较大的种群规模虽然使搜索区域扩大，有效降低了陷入局部最优的概率，但同时也会使运行的时间增加，减慢收敛速度。所以，对于优化问题来说，应该选择一个既能提高算法效率又能保障算法有效性的合适的种群规模。

种群规模动态变化的设计能够提高全局搜索能力并有效提高计算效率，而且加入合适的增加/删除算子，能够有效改善种群多样性，加快收敛速度并提高搜索质量。下面分别详细介绍此方法中的自适应增加/删除个体方法。

从个体增加方面来看：

（1）在种群初始适应期，刚刚进入某个区域的种群，对环境会进行短暂的调整和适应，群体生长率相对较低，如图 10.1 的开始期。

（2）在快速增长期，营养物质丰富，生存环境均适宜，群体生长率最快，个体以等比数列的形式增加，如图 10.1 的加速期。

（3）在稳定期，种群内竞争加剧，此时种群密度达到环境所容纳的最大量，种群增长率几乎为零，如图 10.1 的减速期。

从个体减少情况来看：

（1）在种群初始生长期，环境中营养物多且种群密度小，因此种群个体几乎不减少，如图 10.1 的开始期。

（2）在快速增长期，营养物质丰富，种群个体减少得少，如图 10.1 的加速期。

（3）在稳定期，随着种群密度增大，营养物的耗尽与比例失调、有害物质的不断增多等原因使个体死亡率加大，如图 10.1 的减速期。

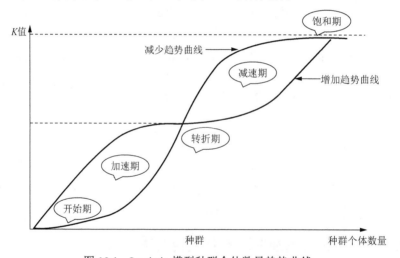

图 10.1 Logistic 模型种群个体数量趋势曲线

1. 内在增长算子

基于 Logistic 模型，种群中每增加一个个体就会对生长率产生 $1/K$ 的抑制效应。如种群最大规模为 K，当前种群数量为 N，个体就占用了 N/K 的空间，则种群增长的剩余空间就只有 $1-N/K$。因此，基于 Logistic 模型，定义内在增长算子为 $1-N/K$。

内在增长算子的含义是，在密度相对较小时，种群成长率与可容纳上限几乎成正比；但当种群密度相对较大时，种群成长率便会趋缓，而且越靠近上限 K 时，成长率越小。当 $N=K$ 时，成长率为 0，种群大小进入平衡态。

2. 内在减少算子

基于 Logistic 模型，定义内在减少算子为 N/K。

内在减少算子的含义是，在密度相对较小时，种群减少率与可容纳上限成反比。但当种群密度相对较大时，种群减少率便会趋快，而且越靠近上限 K 时，减少率越大。当 $N=K$ 时，减少率趋近 1。

3. 波动算子

典型的 Logistic 模型曲线增长分三个阶段，因此也存在三个阶段的两个关键分割点，在此定义这两个点分别是 $(1-pi)\cdot K$ 和 $pi\cdot K$。基于种群自然生长模式，当种群规模发展到平衡的稳定期时，这种平衡是动态的，它会围绕在一定的范围内进行波动。因此定义种群大小波动范围为 $[K(1-pi),K]$，波动大小为 random$[1,K(1-pi)]$。

定义种群大小波动算子为当种群在一段时间内没有找到更合适的觅食点，则通过减少个体来使种群适应环境。

该算子的含义是，当种群进入稳定期后，由于营养物有限，当种群中的个体在一段时间内没有找到更好的营养物时，有限的营养物被逐渐耗尽，种群中的个体会减少。在个体减少的过程中，也就是密度减小过程中，如果又发现新的营养物，则通过内在增长率，种群个体又会逐渐增加。由此形成动态平衡的稳定期。

10.1.2　外部环境影响

基本的 Logistic 模型没有反映出环境条件变化对种群增长的影响。在实际的生态系统中，种群生长与环境的相互关系是很密切的，环境条件影响着种群的生长、发展。而且，种群具体的生长环境是相互作用的物理因子和生物因子的综合体。因此，描述种群的增长规律，必须考虑外部生长环境因素。

基于种群生长受外部环境影响，定义外部环境影响率 $f(t)$。

（1）若 $f(t)>1$，表明环境条件在随时间逐渐改善，则种群增长速度将加快。

（2）若 $0<f(t)<1$，表明环境条件在向不利方向变化，则种群增长速度将变慢。

（3）若 $f(t)=0$，种群将停止增长（不管它是否达到 K 值）。

（4）若 $f(t)<0$，表明环境条件极度恶化，种群的数量将减少，即出现负增长。

（5）若 $f(t)=1$，则与 Logistic 模型相同。

定义外部环境影响率为 $f(t)$。如果 $f(t)$ 大于 0.5，环境条件随时间逐渐改善，种群增长速度加快；如果 $f(t)$ 小于 0.5，环境条件随时间变得恶化，种群增长速度变慢。

10.1.3　种群规模自适应粒子群优化算法描述

种群规模自适应调整粒子群优化（adaptive control of population size particle swarm optimization，APSO）算法基本步骤如下。

步骤 1：参数初始化，包括种群规模 S，搜索空间的上限和下限 L_d 和 U_d，算法最大迭代次数 T_{max}，最大、最小惯性权重 w_{max}、w_{min}，最小、最大速度 v_{min}、v_{max}，学习因子 c_1、c_2。

步骤 2：随机给定粒子初始位置与速度，并计算粒子的适应值，置当前种群最优个体为全局最优 p_g，当前种群个体值为个体历史最优值 p_i。

步骤 3：更新粒子速度与位置，并计算适应值。

步骤 4：更新个体历史最优值和全局最优值。将个体适应值与当前个体历史最优值比较，如果好于当前个体历史最优值，则将 p_i 设置为该粒子的位置，且更新个体历史最优值；如果当前个体历史最优值优于当前的全局最优值，则将 p_g 设置为该粒子的位置，更新全局最优值。

步骤 5：种群规模进行自适应调整，执行内在增长算子、内在减少算子、波动算子和外部环境算子。

步骤 6：如当前迭代次数达到最大次数 T_{max}，停止迭代，输出最优解，否则转到步骤 3。

10.1.4　实验研究及讨论

1.　测试函数

为测试 APSO 算法性能，本节选择 7 个常用连续单峰无约束优化标准测试函数，并与标准的 PSO 算法进行了比较。测试函数表达式、最优值和最优解如表 10.1 所示。图 10.2（a）和图 10.2（b）分别表示函数 f_1 和 f_3 的优化曲面，这两个函数都只具有一个全局极值点（0,0）。

表 10.1　测试函数

测试函数表达式	n	范围	最优值
$f_1(x) = \sum\limits_{i=1}^{n} x_i^2$	30	$[-100,100]^n$	$f_1(\vec{0}) = 0$
$f_2(x) = \sum\limits_{i=1}^{n} |x_i| + \prod\limits_{i=1}^{n} |x_i|$	30	$[-10,10]^n$	$f_2(\vec{0}) = 0$
$f_3(x) = \sum\limits_{i=1}^{n} \left(\sum\limits_{j=1}^{i} x_j \right)^2$	30	$[-100,100]^n$	$f_3(\vec{0}) = 0$

续表

测试函数表达式	n	范围	最优值
$f_4(x) = \max_i \{|x_i|, 1 \leqslant i \leqslant n\}$	30	$[-100,100]^n$	$f_4(\vec{0}) = 0$
$f_5(x) = \sum_{i=1}^{n-1}(100(x_{i+1}-x_i)^2+(x_i-1)^2)$	30	$[-30,30]^n$	$f_5(\vec{1}) = 0$
$f_6(x) = \sum_{i=1}^{n}(x_i+0.5)^2$	30	$[-100,100]^n$	$f_6(\vec{0}) = 0$
$f_7(x) = \sum_{i=1}^{n}ix_i^4 + \text{random}[0,1)$	30	$[-1.28,1.28]^n$	$f_7(\vec{0}) = 0$

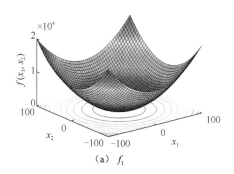
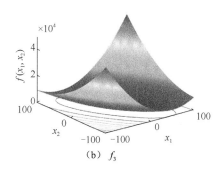

图 10.2　函数 f_1 和 f_3 的优化曲面

2. 参数设置

将 APSO 算法与标准的 PSO 算法进行比较。参数设置如下。

（1）最大迭代次数为 2000，每个算法独立运行 50 次。

（2）APSO 和 PSO：加速因子 $c_1 = 1$，$c_2 = 2$，惯性权重从 0.9 线性减少到 0.4。

（3）PSO：种群规模 50。APSO：初始群体个数为 2，种群最大规模为 50。

3. 实验结果

表 10.2 列出了 PSO 和 APSO 两个算法的测试结果。综合分析表 10.2 和图 10.3 中的结果可以看出：对于连续单峰函数，APSO 算法对这些测试函数在求解精度和收敛速度上均比 PSO 算法有所提高，由于种群规模自适应调整，函数测试次数变少，大大缩短了算法的 CPU 计算时间，提高了计算效率。测试结果表明，使用本章提出的自适应增加/删除个体方法，提高了算法跳出局部最优的能力，算法具有有效性和普适性。

表 10.2　PSO 与 APSO 测试结果比较

问题	测试值	PSO	APSO
1	最优值	$1.910\,4\times10^{-7}$	$1.045\,2\times10^{-11}$
	函数计算次数	100 000	88 317
2	最优值	20.069	20
	函数计算次数	100 000	86 813
3	最优值	16 700	0.141 76
	函数计算次数	100 000	89 241
4	最优值	0.474 39	0.266 33
	函数计算次数	100 000	88 217
5	最优值	86.153	26.033
	函数计算次数	100 000	88 140
6	最优值	3	0
	函数计算次数	100 000	87 725
7	最优值	5.384 8	0.053 311
	函数计算次数	100 000	86 328

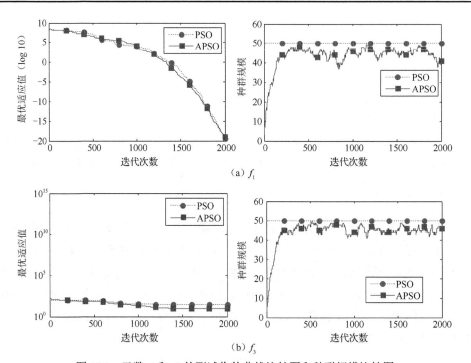

图 10.3　函数 f_1 和 f_3 的测试收敛曲线比较图和种群规模比较图

10.2　基于生物觅食动力学的群智能优化算法

10.2.1　生物觅食动力学模型

1. 最优觅食行为

生物种群中多数是异养生物，它们不会自己生产食物，必须要摄取食物获得营养才能生存[3-7]。因此，如何摄取食物对所有的生物来说都是至关重要的。如果说成功的繁殖是生物最终的目标，那么食物便是生物实现这一目标的基石。生物学家对生物觅食行为的研究越来越重视，包括理论和试验的研究。生物学家研究发现生物在觅食过程中遵循这样的原则，即在花费最少的时间获得最多的收益。这便是生物的最优觅食理论。用数学公式表述如下：

$$\max\left(\frac{E}{T}\right) \tag{10.1}$$

从上式可以看出一个成功的觅食者在一定的时间内获得了较多的能量，它便有足够的营养资源生存下来繁殖下一代；反之一个失败的觅食者将被自然选择所淘汰。在生物觅食策略中，最重要就是食物地点的选择。在策略中也要体现一个动物在取食前决定的取食地点、取食类型及何时转移取食地点。

2. 个体觅食动力学模型

从生物角度而言，在生物觅食过程中，个体会通过共享信息，移动到更优地点进行觅食。与此相通的物理理论是，分子间实际表现出来的力是引力和斥力的合力，此合力会引导分子移动到另外一个位置。综上，不论是生物的共享信息机制还是分子的合力引导机制，都可以统称为个体感知能力。典型的运动方程为牛顿运动方程：

$$m_i\ddot{x}_i = \sum_k F_{ik} = F_i, i = 1, 2, \cdots, n \tag{10.2}$$

式中，x_i 为个体 i 的位置；m_i 为个体 i 的质量；F_i 为个体 i 所受到的合力，n 为个体数目，F_i 由 F_{ik} 组成，F_{ik} 包括个体之间的吸引或者排斥的力、环境影响力和其他个体行为所产生的阻力等。

本书受物理学中的万有引力定律、牛顿第二定律和库仑定律等启发，认为在物体运动的任一瞬时，作用于其上的有吸引力、排斥力、惯性力和来自外部环境的影响力。所以，个体觅食运动状态变化的程度取决于三个要素：个体所受其他个体外力的合力、个体自身惯性和由环境或其他个体行为产生的随机作用力。

（1）个体所受其他个体外力的合力。

$$F_{i(t)} = \sum_{j=1, j\neq i}^{M} g(x^{i(t)}, x^{j(t)}), \ i = 1, \cdots, M \qquad (10.3)$$

$$g(x^{i(t)}, x^{j(t)}) = \frac{x^{i(t)} - x^{j(t)}}{\left| P^{i(t)} - P^{j(t)} \right|} \qquad (10.4)$$

式中，F_i 是作用在个体上的合力，包括吸引力和排斥力；M 是个体的总数目；$g(x^{i(t)}, x^{j(t)})$ 表示个体间引力和斥力的合力。此合力表现为随个体间距离差变化成反比。在本算法中，个体只受全局最优个体影响。

（2）物体自身的惯性。

在个体所受其他外力的合力基础上进一步考虑个体自身惯性，上述模型修正为

$$F_{i(t)} = I_{i(t)}, \ i = 1, \cdots, M \qquad (10.5)$$

$$I_{i(t)} = \frac{\text{fit}_{i(t)}}{\text{best}_i - \text{worst}_i}$$

式中，$I_{i(t)}$ 代表个体惯性力；$\text{fit}_{i(t)}$ 表示粒子 i 在 t 时刻的适应值；best_i 和 worst_i 代表个体历史最优和最差值。

（3）由环境或其他个体行为产生的随机作用力。

除了个体所受其他外力的合力及个体自身惯性力外，群体系统的运动还会受到由环境和其他个体行为产生的影响。此时，上述模型可以修改为

$$F_{i(t)} = w_{io} u_i, \ i = 1, \cdots, M \qquad (10.6)$$

式中，u_i 表示外部作用；$w_{io} = 1$ 表示个体 i 受外部作用影响，若不受影响则 $w_{io} = 0$。外部作用的实现可采取不同方式。

觅食动力学模型采用个体所受其他个体外力的合力、个体自身惯性和由环境或其他个体行为产生的随机作用力的三方面合力作用：

$$F_{i(t)} = \sum_{j=1, j\neq i}^{M} g(x^{i(t)}, x^{j(t)}) + I_{i(t)} + w_{io} u_i, \ i = 1, \cdots, M \qquad (10.7)$$

10.2.2　生物觅食动力学优化算法原理

生物系统中的选择、繁殖和变异是生物进化的三个原动力，由此形成了遗传

算法。本书增加了觅食动力特征，将个体觅食动力学机制引入遗传算法，试图通过复杂生物系统的动力学机制的研究来探究复杂系统智能涌现的原因，即生物觅食动力学优化（biology foraging dynamics optimization，BFDO）算法。在此搜索算法中，群中每个个体的觅食位置都代表问题的一个解。

个体向最优觅食地点移动的过程就是寻找问题最优解的过程。种群 Swarm 在 n 维搜索空间中，第 i 个个体在第 k 次迭代的位置记为 X_i^k，其中 $X_i^k \in R^n$，$X_i^k = (x_{i1}^k, x_{i2}^k, \cdots, x_i^k)$，个体的适应值为 $f(X_i^k)$。种群在第 k 次迭代的最优个体记为 X_p^k。觅食算子采用个体所受其他个体外力的合力、个体自身惯性和由环境或其他个体行为产生的随机作用力的三方面合力作用，具体执行策略参见公式（10.3）～公式（10.6）。BFDO 算法实现步骤如下所示。

步骤 1：初始化。设置算法中涉及的所有参数，包括种群规模值 S，搜索空间上下限 B_{lo}、B_{up}，觅食方式选择概率 P_f，交叉概率 P_c，变异概率 P_m，最大迭代次数 T_{max}，收敛精度 ξ 等。

步骤 2：觅食。个体采用混合觅食策略的动力学觅食方式。

步骤 3：选择。种群中个体按适应度值进行调整，并采用轮盘赌法选择个体。

步骤 4：繁殖。种群中个体进行两两顺序配对，执行单点交叉操作。

步骤 5：变异。种群中个体执行方向变异操作。

步骤 6：检验是否符合结束条件。如当前迭代次数达到了最大次数 T_{max}，或小于预定收敛精度 ξ 要求，则停止迭代，输出最优解，否则转到步骤 2。

10.2.3　实验研究及讨论

1. 测试函数

为测试 BFDO 算法性能，本节选择了四个多峰多极值无约束优化标准测试函数，如表 10.3 所示。多峰多极值函数同时存在多个特征相同的局部最优值，但全局最优值却只有一个，因此它主要用于测试算法寻优精确度及跳出局部最优能力。尤其是高维的多峰多极值函数，函数的局部极值会随着优化问题维数的增加而指数性增长，算法寻找最优解也会变得更加困难。图 10.4（a）和图 10.4（b）分别体现了函数 f_1 和 f_3 定义域内所有峰的分布情况。例如，图 10.4（a）体现了函数 f_1 是复杂的不等高多峰函数，在全局最优值附近有无数局部最优值。此函数对模拟退火、进化计算等优化算法具有很强的欺骗性，非常容易使算法陷入局部最优，而不能得到全局最优解。当问题维度为 300 时，此函数共有 11 300 个峰；函数仅在点（0,0,…,0）处有 1 个全局最优解，最优值为 0；在其他点则有 11^{n-1}

个局部最优解，且局部极值均大于 0。从图 10.4 中可以看出，优化算法必须具有更强大的跳出局部次优解能力，才能收敛到全局最优解。

表 10.3   多峰多极值函数

测试函数	n	范围	最优值
$f_1(x) = \sum_{i=1}^{n} \left[x_i^2 - 10\cos(2\pi x_i) + 10 \right]^2$	30	$[-5.12, 5.12]^n$	$f_9(\bar{0}) = 0$
$f_2(x) = -20\exp\left(-0.2\sqrt{\frac{1}{n}\sum_{i=1}^{n} x_i^2}\right)$ $-\exp\left(\frac{1}{n}\sum_{i=1}^{n}\cos 2\pi x_i\right) + 20 + e$	30	$[-32, 32]^n$	$f_{10}(\bar{0}) = 0$
$f_3(x) = \frac{1}{4000}\sum_{i=1}^{30}(x_i - 100)^2 - \prod_{i=1}^{n}\cos(\frac{x_i - 100}{\sqrt{i}}) + 1$	30	$[-600, 600]^n$	$f_{11}(\bar{0}) = 0$
$f_4(x) = \frac{\pi}{n}\{10\sin^2(\pi y_1) + \sum_{i=1}^{n-1}(y_i - 1)^2$ $\times [1 + 10\sin^2(\pi y_{i+1})] + (y_n - 1)^2\} + \sum_{i=1}^{30} u(x_i, 10, 100, 4)$	30	$[-50, 50]^n$	$f_{12}(\bar{1}) = 0$

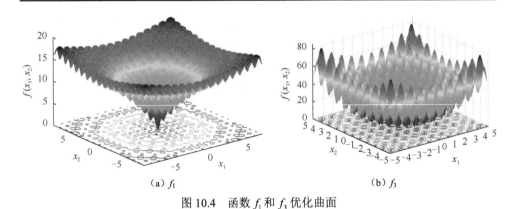

(a) f_1 (b) f_3

图 10.4   函数 f_1 和 f_3 优化曲面

2. 参数设置

实验将 BFDO 算法与标准的 GA 和 PSO 算法进行了比较，参数设置如下：

（1）最大迭代次数为 3000，每个算法独立运行 50 次。

（2）群体规模为 50，且每次运行的初始种群都相同。

（3）BFDO 和 GA：交叉概率 P_c=0.7；变异概率 P_m=0.02。

（4）PSO 算法：加速因子 $c_1 = 1$，$c_2 = 2$；惯性权重从 0.9 线性减少到 0.4。

3. 实验结果

为准确测试这三种算法的优化效果，本书分别对这些测试问题进行了低维、中维和高维的测试，求解结果见表 10.4～表 10.6，其中列出了三个算法测试所得的最优值、最差值、平均最优值及标准方差。

表 10.4 多峰多极值优化函数测试结果（Dimension=30）

算法	参数	f_1	f_2	f_3	f_4
PSO	最优值	1 772.1	2.658 4	0.118 26	18.299
	最差值	818.68	1.340 4	$4.304\ 3\times10^{-8}$	0.479 89
	平均最优值	1 311.4	1.966 2	0.039 514	6.853 5
	标准方差	477.53	0.661 5	0.068 194	9.933 8
GA	最优值	0.485 89	0.817 45	1.027	0.632 57
	最差值	0.045 428	0.472 75	1.013 9	0.315 78
	平均最优值	0.202 87	0.653 9	1.020 9	0.486 16
	标准方差	0.245 62	0.173 02	0.006 579 8	0.159 75
BFDO	最优值	0	$9.776\ 2\times10^{-12}$	0	0.215 79
	最差值	0	1.072×10^{-12}	0	0.215 77
	平均最优值	0	$6.164\ 3\times10^{-12}$	0	0.215 78
	标准方差	0	4.537×10^{-12}	0	$1.013\ 4\times10^{-5}$

表 10.5 多峰多极值优化函数测试结果（Dimension=100）

算法	参数	f_1	f_2	f_3	f_4
PSO	最优值	12 998	19.008	463.36	$5.120\ 6\times10^{8}$
	最差值	9 507.5	18.486	157.45	524.53
	平均最优值	10 741	18.781	276.27	$1.706\ 9\times10^{8}$
	标准方差	1 957.4	0.267 58	163.98	$2.956\ 4\times10^{8}$
GA	最优值	6 405.2	16.126	403.77	$7.460\ 6\times10^{7}$
	最差值	4 778.8	15.306	284.55	$6.401\ 8\times10^{7}$
	平均最优值	5 560.7	15.826	334.28	$6.773\ 9\times10^{7}$
	标准方差	815.01	0.452 08	62.022	$5.953\ 8\times10^{6}$
BFDO	最优值	853.66	1.046	1.548 3	15.12
	最差值	417.44	0.970 93	1.230 6	10.795
	平均最优值	652.15	1.006 8	1.398 9	12.497
	标准方差	220	0.037 671	0.159 67	2.305 4

表 10.6　多峰多极值优化函数测试结果（Dimension=300）

算法	参数	f_1	f_2	f_3	f_4
PSO	最优值	51 963	19.905	3 550.9	$4.278\,9\times10^9$
	最差值	50 683	19.794	3106	$2.478\,8\times10^9$
	平均最优值	51 387	19.863	3 312.7	$3.306\,5\times10^9$
	标准方差	649.34	0.059 85	2 24.09	$9.087\,5\times10^8$
GA	最优值	50 196	19.474	3 486.5	$1.918\,8\times10^9$
	最差值	48 392	19.074	2 867.6	$1.906\,1\times10^9$
	平均最优值	49 427	19.322	3 216.2	$1.910\,5\times10^9$
	标准方差	930.86	0.217 03	316.78	$7.174\,6\times10^6$
BFDO	最优值	8 433.5	7.945 6	111.46	$1.074\,9\times10^6$
	最差值	7 363.8	6.462	82.318	1.174×10^5
	平均最优值	7 919.1	7.175 1	98.348	$4.652\,9\times10^5$
	标准方差	536.03	0.743 43	14.789	$5.297\,2\times10^5$

如图 10.5～图 10.7 所示，对于多峰多极值函数，在进化代数相同的情况下，不论低维、中维或是高维，BFDO 算法较 PSO 和 GA 都具有更强的优化能力，它能以更大的概率跳出多峰函数的局部次优解，从而收敛到全局最优解。可以看出，BFDO 算法的最差值和平均最优值都明显优于 PSO 和 GA。对中维和高维测试问题，这三个算法的搜索性能都显得乏力，平均最优值成功率几乎为 0，但从比较值来看，三个算法优化性能排序中 BFDO 算法仍大于 PSO 和 GA。

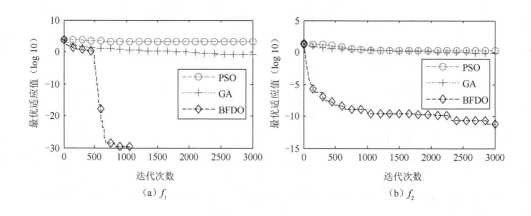

（a）f_1　　　　　　　　　　　　　　（b）f_2

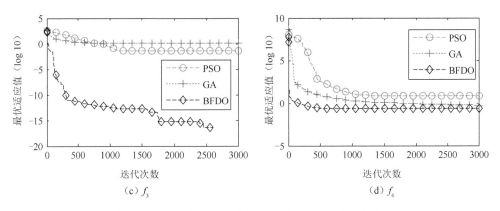

（c）f_3　　　　　　　　　　　　　　　（d）f_4

图 10.5　三个算法收敛曲线比较图（Dimension=30）

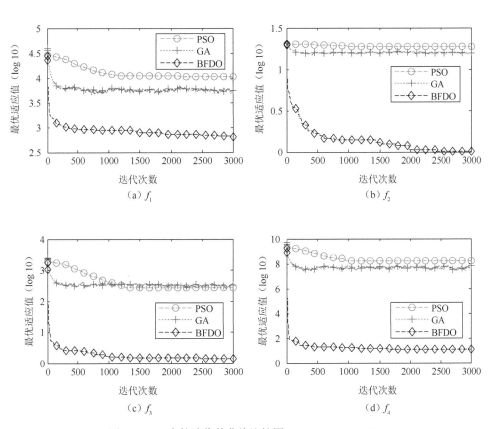

（a）f_1　　　　　　　　　　　　　　　（b）f_2

（c）f_3　　　　　　　　　　　　　　　（d）f_4

图 10.6　三个算法收敛曲线比较图（Dimension=100）

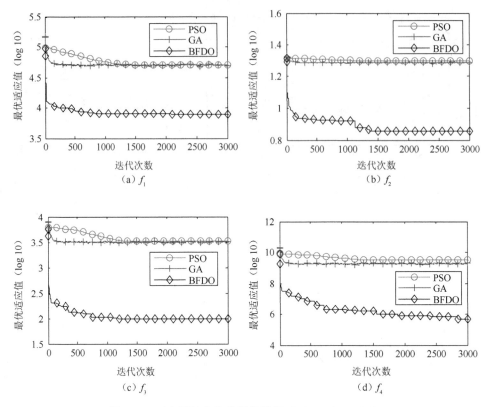

图 10.7　三个算法收敛曲线比较图（Dimension=300）

参 考 文 献

[1]　王寿松. 单种群生长的广义 Logistic 模型. 生物数学学报, 1990, (1): 21-25.

[2]　蒋长安, 孙广才. 生物种群增长模型的研究. 陕西理工学院学报(自然科学版), 2003, 19(4): 42-44.

[3]　Pyke G H. Optimal foraging theory: a critical review. Annual Review of Ecology & Systematics, 1984, 15(1): 523-575.

[4]　Green R F. Stochastic Models of Optimal Foraging//Kamil A C, Krebs J R, Pulliam H R. Foraging Behavior. Boston: Springer, 1987: 273-302.

[5]　姜启源. 动物最优觅食理论. 数学建模及其应用, 2016, 5(1): 28-42, 59.

[6]　尚玉昌. 行为生态学(二): 最优觅食行为(1). 生态学杂志, 1984, (4): 69-73.

[7]　尚玉昌. 行为生态学(三): 最优觅食行为(2). 生态学杂志, 1984, (5): 65-68.

附　　录

附录1　遗传算法源码

```
clc
f2eval='f1';
SwarmSize=50;
Dim=30;
Iterations=2000;
Pc=0.7;
Pm=0.04;
ub=5;
lb=-5;
fevals=0;
Swarm=rand(SwarmSize,Dim)*(ub-lb)+lb;
fSwarm=feval(f2eval,Swarm);
history=zeros(Iterations,2);
for iter=1:Iterations
Pk=fSwarm./sum(fSwarm);
Qk=zeros(SwarmSize,1);
for ii=1:SwarmSize
for jj=1:ii
Qk(ii,1)=Qk(ii,1)+Pk(jj,1);
end
end
parents=zeros(SwarmSize, Dim);
r=rand(SwarmSize,1);
for i=1:SwarmSize
for j=1:SwarmSize
if(r(i,1)<Qk(j))
parents(i,:)=Swarm(j,:);
break;
```

```
end
end
end
r1=rand(SwarmSize,1);
crospoint=round(rand(1)*(Dim-1)+1);
m=0;
temp=zeros(1,Dim-crospoint+1);
for k=1:SwarmSize
if (r1(k,1)<Pc)
m=m+1;
if (m==1)
croskid1=k;
m=m+1;
else
croskid2=k;
temp=parents(croskid1,crospoint:Dim);
parents(croskid1,crospoint:Dim)=parents(croskid2,crospoint:Dim);
parents(croskid2,crospoint:Dim)=temp;
m=0;
end
end
end
r2=rand(SwarmSize, Dim);
for i=1:SwarmSize
for j=1:Dim
if (r2(i,j)<Pm)
parents(i,j)=rand(1)*(ub-lb)+lb;
end
end
end
Swarm=parents;
fSwarm=feval(f2eval,Swarm);
end
[fGBest,g]=min(fSwarm);
fprintf('%.5g\t\t\t\n',fGBest);
function Dejed=f1(Swarm)
Dejed=sum((Swarm.^2)')';
end
```

附录 2　差分进化算法源码

```
clc;
clear all;
Gm=1000;
F0=0.5;
Np=100;
CR=0.9;
G=1;
D=10;
Gmin=zeros(1,Gm);
best_x=zeros(Gm,D);
value=zeros(1,Np);
xmin=-5.12;
xmax=5.12;
X0=(xmax-xmin)*rand(Np,D)+xmin;
XG=X0;
XG_next_1=zeros(Np,D);
XG_next_2=zeros(Np,D);
XG_next=zeros(Np,D);
while G<=Gm
for i=1:Np
a=1;
b=Np;
dx=randperm(b-a+1)+a-1;
j=dx(1);
k=dx(2);
p=dx(3);
if j==i
j=dx(4);
else
if k==i
k=dx(4);
else
if p==i
p=dx(4);
end
```

```
end
end
suanzi=exp(1-Gm/(Gm + 1-G));
F=F0*2.^suanzi;
son=XG(p,:)+F*(XG(j,:)-XG(k,:));
for j=1:D
if son(1,j)>xmin && son(1,j)<xmax
XG_next_1(i,j)=son(1,j);
else
XG_next_1(i,j)=(xmax-xmin)*rand(1)+xmin;
end
end
end
for i=1:Np
randx=randperm(D);
for j=1:D
if rand>CR && randx(1)~=j
XG_next_2(i,j)=XG(i,j);
else
XG_next_2(i,j)=XG_next_1(i,j);
end
end
end
for i=1:Np
if f(XG_next_2(i,:))<f(XG(i,:))
XG_next(i,:)=XG_next_2(i,:);
else
XG_next(i,:)=XG(i,:);
end
end
for i=1:Np
value(i)=f(XG_next(i,:));
end
[value_min,pos_min]=min(value);
Gmin(G)=value_min;
best_x(G,:)=XG_next(pos_min,:);
XG=XG_next;
trace(G,1)=G;
trace(G,2)=value_min;
```

```
G=G+1;
end
[value_min,pos_min]=min(Gmin);
best_value=value_min;
best_vector=best_x(pos_min,:);
plot(trace(:,1),trace(:,2));
function y=f(v)
y=sum(v.^2-10.*cos(2.*pi.*v)+10);
end
```

附录 3　文化算法源码

```
clc;
clear all;
popSize=40;
pop=[];
popSon=zeros(popSize,1);
f=zeros(popSize,1);
c=60;
suitKnowledge=[];
normKnowledge=zeros(popSize,2);
gmax=40;
acc=0.7;
for i=1:popSize
pop(i)=5.12*(2*rand-1);
end
for i=1:popSize
f(i)=fit(pop(i));c
end
[fbest,bestnum]=min(f);
suitKnowledge=pop(bestnum);
for i=1:popSize
normKnowledge(i,1)=-5.12;
normKnowledge(i,2)=5.12;
end
for u=1:gmax
for i=1:popSize
if(pop(i)<suitKnowledge)
```

```
popSon(i)=pop(i)+abs((normKnowledge(i,2)-normKnowledge(i,1))*
rand);
else if(pop(i)>suitKnowledge)
popSon(i)=pop(i)-abs((normKnowledge(i,2)-normKnowledge(i,1))*
rand);
else  if(pop(i)==suitKnowledge)
popSon(i)=pop(i)+(normKnowledge(i,2)-normKnowledge(i,1))*rand;
end
end
end
end
for i=(popSize+1):(2*popSize)
pop(i)=popSon(i-popSize);
end
winnum=zeros(2*popSize,1);
for i=1:2*popSize
cnum=randperm(2*popSize);
winsingle=0;
for j=1:c
if(fit(pop(i))<fit(pop(cnum(j))))
winsingle=winsingle+1;
end
end
winnum(i)=winsingle;
end
index=1;
for i=1:2*popSize
for j=(i+1):2*popSize
if(winnum(i)<winnum(j))
uusee=winnum(i);
winnum(i)=winnum(j);
winnum(j)=uusee;
index=j;
end
end
pptv=pop(i);
pop(i)=pop(index);
pop(index)=pptv;
end
```

```
for i=1:2*popSize
f(i)=fit(pop(i));
end
[fbest,bestnum]=min(f(1:popSize));
if(fbest<fit(suitKnowledge))
if(rand<=acc)
suitKnowledge=pop(bestnum);
end
end
for i=1:popSize
if((pop(i)<normKnowledge(i,1))||(fit(pop(i))<fit(normKnowledg
e(i,1))))
if(rand<=acc)
normKnowledge(i,1)=pop(i);
end
end
if((pop(i)>normKnowledge(i,2))||(fit(pop(i))<fit(normKnowledg
e(i,2))))
if(rand<=acc)
normKnowledge(i,2)=pop(i);
end
end
end
trend(u)=fbest;
trendindex(u)=suitKnowledge;
end
g=1:40;
figure(2);
plot(g,trend,'k');
title('适应值随进化代数变化曲线');
text(15,0.007,['最终搜索结果：最小值为',num2str(fbest)]);
function f=fit(x)
n=size(x,2);
output=0;
for i=1:n
output=output+x(i)^2-10*cos(2*pi*x(i))+10;
end
f=output;
end
```

附录4　粒子群优化算法源码

```
clc;
clear all;
SwarmSize=50;
Dim=30;
Iterations=3000;
ErrGoal=1e-50;
f2eval='f1';
lb=-5;
ub=5;
c1=2;
c2=2;
w_start=0.9;
w_end=0.4;
Vmax=10;
Swarm=rand(SwarmSize,Dim)*(ub-lb)+lb;
VStep=rand(SwarmSize,Dim);
fSwarm=feval(f2eval,Swarm);
PBest=Swarm;
fPBest=fSwarm;
[fGBest,g]=min(fSwarm);
lastbpf=fGBest;
Best=Swarm(g,:);
fBest=fGBest;
history =zeros(Iterations,2);
for iter=1:Iterations
w_now=w_start-((w_start-w_end)/Iterations)*iter;
A=repmat(Best(1,:),SwarmSize,1);
R1=rand(SwarmSize,Dim);
R2=rand(SwarmSize,Dim);
VStep=w_now*VStep+c1*R1.*(PBest-Swarm)+c2*R2.*(A-Swarm);
changeRows=VStep>Vmax;
VStep(find(changeRows))=Vmax;
changeRows=VStep<-Vmax;
VStep(find(changeRows))=-Vmax;
Swarm=Swarm+VStep;
```

```
fSwarm=feval(f2eval,Swarm);
changeRows=fSwarm<fPBest;
fPBest(find(changeRows))=fSwarm(find(changeRows));
PBest(find(changeRows),:)=Swarm(find(changeRows),:);
[fGBest,g]=min(fPBest);
if fGBest<lastbpf
lastbpf=fGBest;
[fBest,g]=min(fPBest);
miniter=iter;
end
Best=PBest(g,:);
history(iter,1)=iter;
history(iter,2)=fBest;
end
fBest
plot(history(:,1),log(history(:,2)));
function Dejed=f1(Swarm)
Dejed=sum((Swarm.^2)')';
end
```

附录 5　蚁群优化算法源码

```
clc;
clear all;
m=51;
Alpha=1;
Beta=5;
Rho=0.1;
NC_max=200;
Q=100;
n=14;
C=[3493  1696;
   3488  1535;
   3569  1438;
   3688  1503;
   3791  1339;
   3623  1588;
   3712  1399;
```

```
        3639  1315;
        3450  1642;
        3506  1221;
        3766  1160;
        3904  1289;
        3658  1350;
        3599  1450];
n=size(C,1);
D=zeros(n,n);
for i=1:n
for j=1:n
if i~=j
D(i,j)=((C(i,1)-C(j,1))^2+(C(i,2)-C(j,2))^2)^0.5;
else
D(i,j)=eps;
end
D(j,i)=D(i,j);
end
end
Eta=1./D;
Tau=ones(n,n);
Tabu=zeros(m,n);
NC=1;
R_best=zeros(NC_max,n);
L_best=inf.*ones(NC_max,1);
L_ave=zeros(NC_max,1);
while NC<=NC_max
Randpos=[];
for i=1:(ceil(m/n))
Randpos=[Randpos,randperm(n)];
end
Tabu(:,1)=(Randpos(1,1:m))';
for j=2:n
for i=1:m
visited=Tabu(i,1:(j-1));
J=zeros(1,(n-j+1));
P=J;
Jc=1;
for k=1:n
```

```
if isempty(find(visited==k, 1))
 J(Jc)=k;
Jc=Jc+1;
end
end
for k=1:length(J)
P(k)=(Tau(visited(end),J(k))^Alpha)*(Eta(visited(end),J(k))^
Beta);
end
P=P/(sum(P));
Pcum=cumsum(P);
Select=find(Pcum>=rand);
to_visit=J(Select(1));
Tabu(i,j)=to_visit;
end
end
if NC>=2
Tabu(1,:)=R_best(NC-1,:);
end
L=zeros(m,1);
for i=1:m
R=Tabu(i,:);
for j=1:(n-1)
L(i)=L(i)+D(R(j),R(j+1));
end
L(i)=L(i)+D(R(1),R(n));
end
L_best(NC)=min(L);
pos=find(L==L_best(NC));
R_best(NC,:)=Tabu(pos(1),:);
L_ave(NC)=mean(L);
NC=NC+1;
Delta_Tau=zeros(n,n);
for i=1:m
for j=1:(n-1)
Delta_Tau(Tabu(i,j),Tabu(i,j+1))=Delta_Tau (Tabu(i,j),Tabu
(i,j+1))+Q/L(i);
end
end
```

```
Delta_Tau(Tabu(i,n),Tabu(i,1))=Delta_Tau(Tabu(i,n),Tabu(i,1))
+Q/L(i);
end
Tau=(1-Rho).*Tau+Delta_Tau;
Tabu=zeros(m,n);
Pos=find(L_best==min(L_best));
Shortest_Route=R_best(Pos(1),:);
Shortest_Length=L_best(Pos(1));
subplot(1,2,1)
DrawRoute(C,Shortest_Route)
subplot(1,2,2)
plot(L_best)
hold on
plot(L_ave,'r')
title('平均距离和最短距离')
function DrawRoute(C,R)
N=length(R);
scatter(C(:,1),C(:,2));
hold on
plot([C(R(1),1),C(R(N),1)],[C(R(1),2),C(R(N),2)],'g')
hold on
for ii=2:N
plot([C(R(ii-1),1),C(R(ii),1)],[C(R(ii-1),2),C(R(ii),2)],'g')
hold on
end
title('旅行商问题优化结果')
end
```

附录6　菌群算法源码

```
clc
clear all
f2eval='f1';
p=2;
S=50;
Nc=300;
Ns=4;
Nre=1;
```

```
Sr=S/2;
Ned=1;
ped=0.25;
P(:,:,:,:,:)=0*ones(p,S,Nc,Nre,Ned);
for m=1:S
P(:,m,1,1,1)=(15*((2*round(rand(p,1))-1).*rand(p,1))+[15;15]);
end
C=0*ones(S,Nre);
runlengthunit=0.1;
C(:,1)=runlengthunit*ones(S,1);
mm=0;
J=0*ones(S,Nc,Nre,Ned);
Jhealth=0*ones(S,1);
history=zeros(Nc*Nre*Ned,2);
for ell=1:Ned
for k=1:Nre
for j=1:Nc
mm=mm+1;
for i=1:S
J(i,j,k,ell)=feval(f2eval,P(:,i,j,k,ell));
Jlast=J(i,j,k,ell);
Delta(:,i)=(2*round(rand(p,1))-1).*rand(p,1);
P(:,i,j+1,k,ell)=P(:,i,j,k,ell)+C(i,k)*Delta(:,i)/sqrt(Delta
(:,i)'*Delta(:,i));
J(i,j+1,k,ell)=feval(f2eval,P(:,i,j+1,k,ell));
m=0;
while m<Ns
m=m+1;
if J(i,j+1,k,ell)<Jlast
Jlast=J(i,j+1,k,ell);
P(:,i,j+1,k,ell)=P(:,i,j+1,k,ell)+C(i,k)*Delta(:,i)/sqrt(Delta
(:,i)'*Delta(:,i));
J(i,j+1,k,ell)=feval(f2eval,P(:,i,j+1,k,ell));
else
m=Ns;
end
end
end
history(mm,1)=mm;
```

```
history(mm,2)=Jlast;
end
Jhealth=sum(J(:,:,k,ell),2);
[Jhealth,sortind]=sort(Jhealth);
P(:,:,1,k+1,ell)=P(:,sortind,Nc+1,k,ell);
C(:,k+1)=C(sortind,k);
for i=1:Sr
P(:,i+Sr,1,k+1,ell)=P(:,i,1,k+1,ell);
C(i+Sr,k+1)=C(i,k+1);
end
end
for m=1:S
if ped>rand
P(:,m,1,1,ell+1)=(15*((2*round(rand(p,1))-1).*rand(p,1))+[15;15]);
else
P(:,m,1,1,ell+1)=P(:,m,1,Nre+1,ell);
end
end
end
figure(1)
plot(history(:,1),history(:,2));
function Dejed=f1(Swarm)
Dejed=sum((Swarm .^2)')';
End
```